この本の特色

① コンパクトな問題集

入試対策として必要な単元・項目を短期間で学習できるよう，コンパクトにまとめた問題集です。直前対策としてばかりではなく，自分の弱点を見つけ出す診断材料としても活用できるようになっています。

② 豊富なデータ

英俊社の「高校別入試対策シリーズ」「公立高校入試対策シリーズ」を中心に豊富な入試問題から問題を厳選してあります。

③ 見やすい紙面

紙面の見やすさを重視して，ゆったりと問題を配列し，途中の計算等を書き込むスペースをできる限り設けています。

④ 詳しい解説

別冊の解答・解説には，多くの問題について詳しい解説を掲載しています。間違えてしまった問題や解けなかった問題は，解説をよく読んで，しっかりと内容を理解しておきましょう。

この本の内容

1 平面図形の性質 近道問題

1 次の問いに答えなさい。

(1) 六角形の内角の和を求めなさい。(　　　　　)　(福島県)

(2) 正八角形の1つの内角の大きさを求めなさい。(　　　　　)　(金光大阪高)

(3) 正十二角形の1つの外角の大きさを求めなさい。(　　　　　)

(滋賀学園高)

(4) 正 n 角形の1つの内角が 140° であるとき，n の値を求めなさい。

(　　　　　)　(青森県)

(5) 正八角形の対角線の本数を求めなさい。(　　　　　本)　(中村学園女高)

(6) ある正多角形において，1つの外角の大きさの9倍が，1つの内角の大きさと等しいとき，この正多角形の辺の数を求めなさい。(　　　　　本)

(京都府)

2 右の図のように，平行四辺形ABCDの辺DC上に点Pをとり，ACとBPの交点をQとする。△AQPと面積の等しい三角形を答えなさい。(　　　　　)

(滝川高)

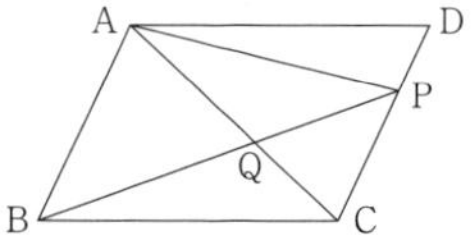

A D P Q B C

3 正八角形には対称の軸は何本ありますか。(　　　　　本)　(早稲田摂陵高)

4 右の図のように，方眼紙上に△ABCと2直線ℓ，mがある。3点A，B，Cは方眼紙の縦線と横線の交点上にあり，直線ℓは方眼紙の縦線と，直線mは方眼紙の横線とそれぞれ重なっている。2直線ℓ，mの交点をOとするとき，△ABCを，点Oを中心として点対称移動させた図形を方眼紙上にかきなさい。

(京都府)

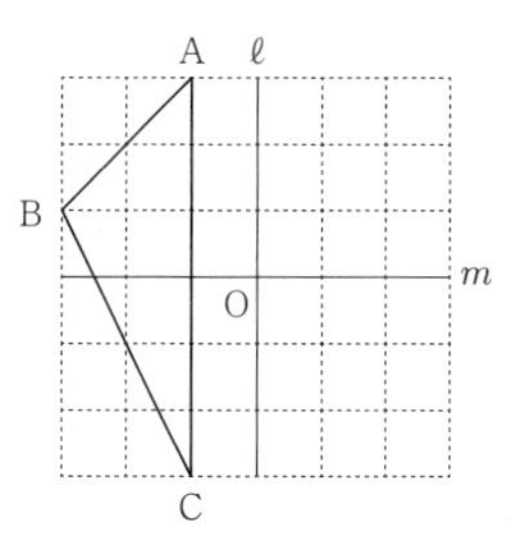

5 次の文の(　　)に当てはまる条件として最も適切なものを，ア～エのうちから1つ選んで，記号で答えなさい。(　　　)　(栃木県)

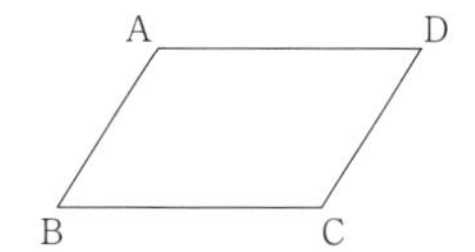

平行四辺形ABCDに，(　　　)の条件が加わると，平行四辺形ABCDは長方形になる。

ア　AB = BC　　イ　AC ⊥ BD　　ウ　AC = BD
エ　∠ABD = ∠CBD

6 四角形ABCDがいつでも平行四辺形になるための条件を，次のように考えました。

> 四角形ABCDは，AB ∥ DC，AD = BCを満たせば，いつでも平行四辺形になる。

この考えは正しくありません。それを示す四角形ABCDの反例を1つかきなさい。

ただし，方眼を利用して点C，Dをとり，四角形をかくこと。　(岩手県)

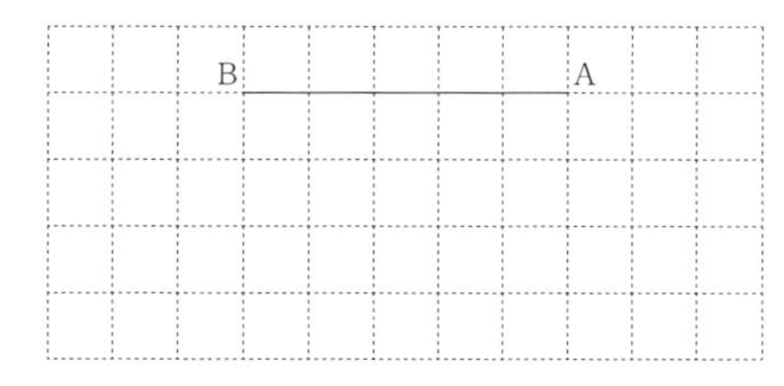

2 多角形と角

近道問題

1 次の問いに答えなさい。

(1) 右の図において，次の問いに答えなさい。

(神戸国際大附高)

① $\angle x$ の大きさを求めなさい。(　　　　　)

② $\angle y$ の大きさを求めなさい。(　　　　　)

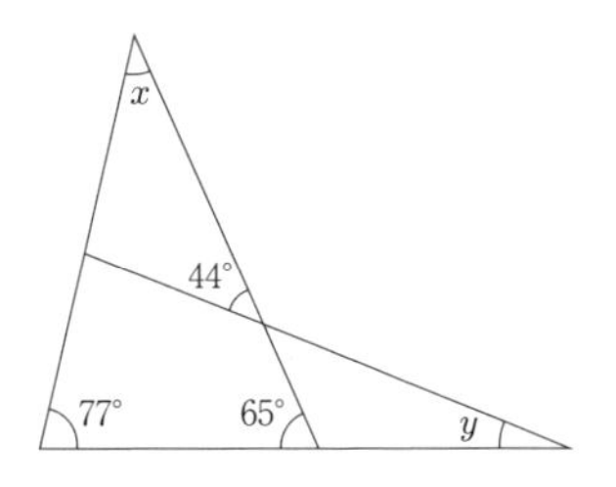

(2) 右の図で，$\angle x$ の大きさを求めなさい。(　　　　　)

(埼玉県)

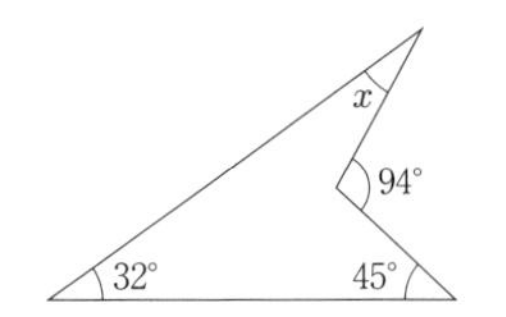

(3) 右の図で，D は△ABC の辺 AB 上の点で，DB = DC であり，E は辺 BC 上の点，F は線分 AE と DC との交点である。

$\angle$DBE = 47°，$\angle$DAF = 31°のとき，$\angle$EFC の大きさは何度か，求めなさい。(　　　　　)　(愛知県)

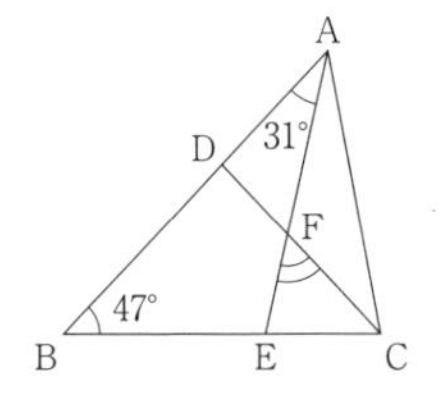

(4) 右の図において，$\angle x$ の大きさを求めなさい。

(　　　　　)(大阪学院大高)

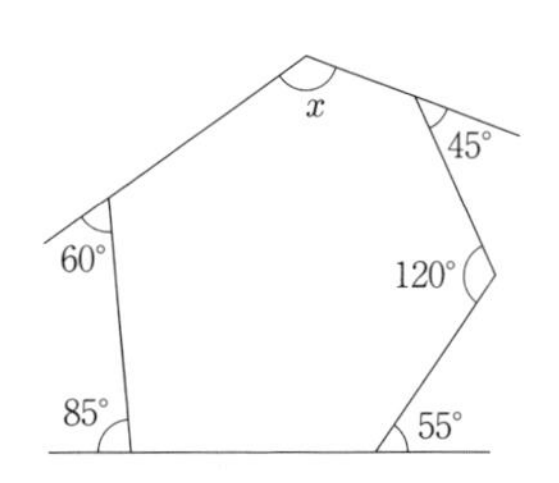

2 下の図1のような，1組の三角定規があります。この1組の三角定規を，図2のように，頂点Aと頂点Dが重なるように置き，辺BCと辺EFとの交点をGとします。∠BAE = 25° のとき，∠CGF の大きさを求めなさい。

（　　　　　）(近江兄弟社高)

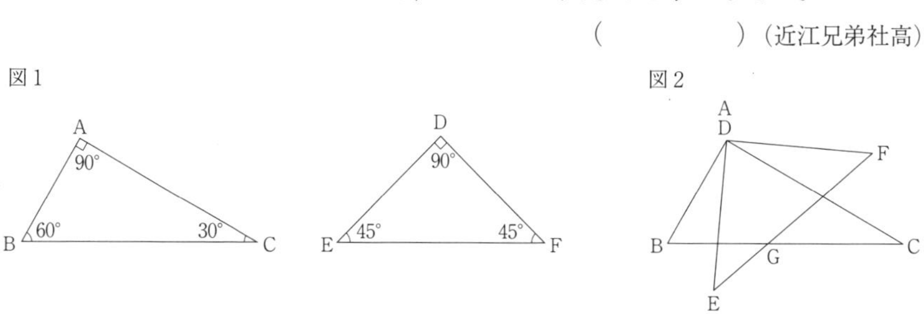

3 次の問いに答えなさい。

(1) 右の図のように，平行四辺形ABCDがあり，AB = AE である。このとき，∠x の大きさを求めなさい。(　　　　　)

(神戸野田高)

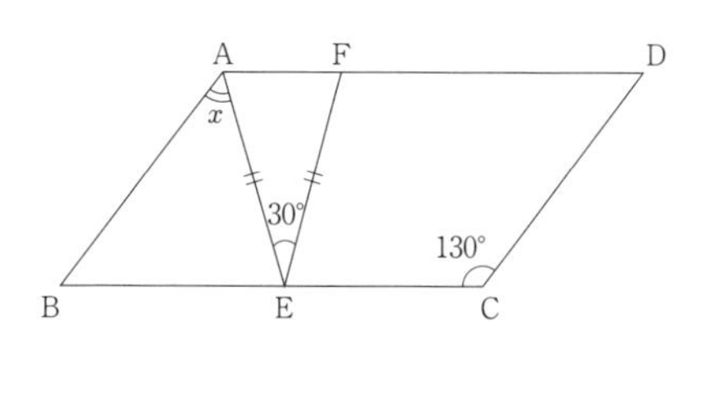

(2) 右の図のような平行四辺形ABCDにおいて，辺BC上に点E，辺AD上に点Fを，AE = EF，∠AEF = 30° となるようにとる。∠x の大きさを求めなさい。(　　　　　)

(島根県)

(3) 右の図のような，平行四辺形ABCDと△EFGがあり，点Eは線分AD上に，点Fは線分BC上にあります。∠AEG = 160°，∠CFG = 45° のとき，∠EGF の大きさを求めなさい。

（　　　　　）(岡山県)

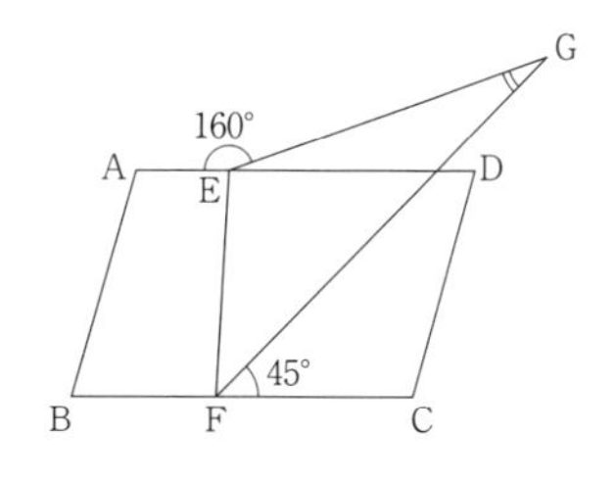

4 次の問いに答えなさい。

(1) 右の図で，五角形 ABCDE は正五角形であり，点 F は対角線 BD と CE の交点である。x の値を求めなさい。(　　　　　)　(岐阜県)

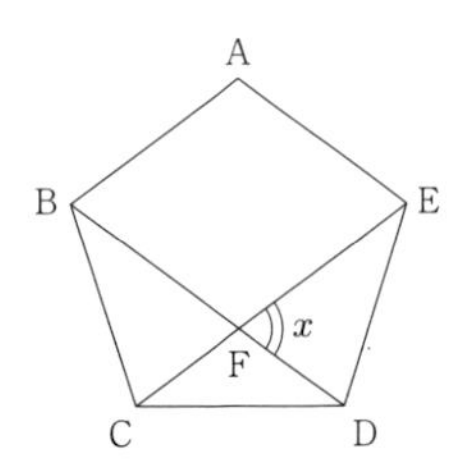

(2) 右の図において，x と y と z の値を求めなさい。ただし，八角形 ABCDEFGH は正八角形です。

x = (　　　　　)　y = (　　　　　)

z = (　　　　　)　(大阪偕星学園高)

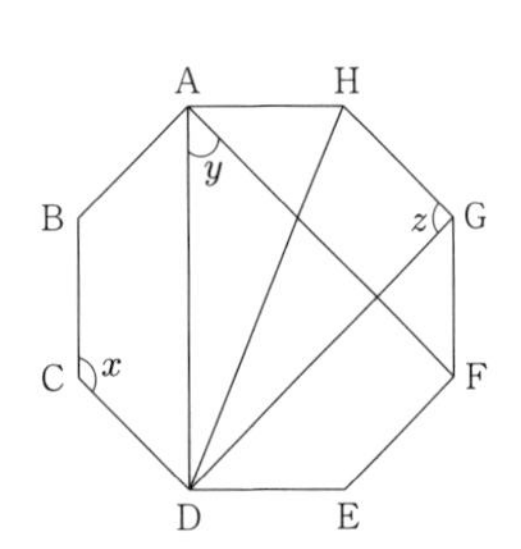

5 次の問いに答えなさい。

(1) 右の図において，$\angle a + \angle b$ の値を求めなさい。

(　　　　　)(近大附和歌山高)

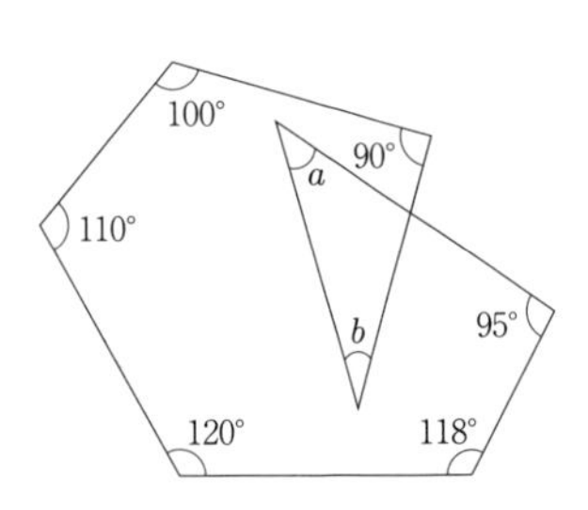

(2) 右の図の印のついた 7 ヶ所の角度をすべて加えると何度であるか求めなさい。(　　　　　)(大阪桐蔭高)

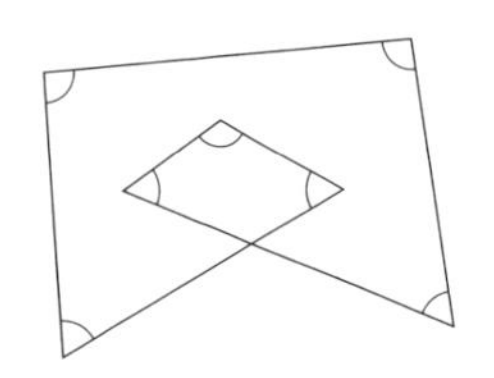

6 次の問いに答えなさい。

(1) 右の図で，△ABC と△FBE は正三角形，四角形 BCDE は正方形，G は線分 AE，FC との交点である。∠AGF の大きさは何度か求めなさい。

(　　　　　)(大阪女学院高)

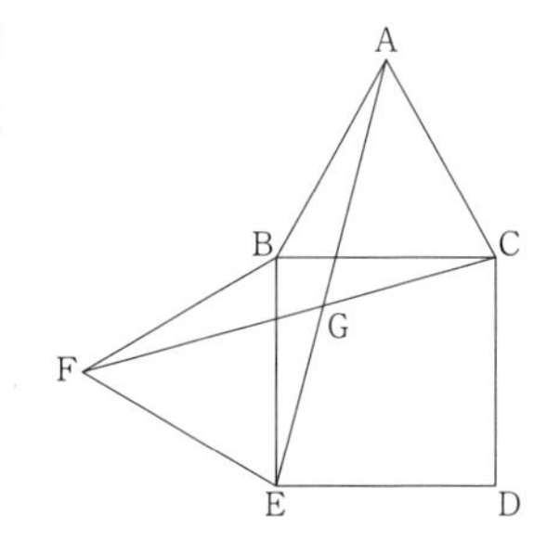

(2) 右の図において，△ABC は AB = AC の二等辺三角形である。四角形 DEFG は正方形で，点 D は辺 AB 上に，点 F は辺 BC 上にある。∠ADG の大きさを求めなさい。(　　　　　)　(京都橘高)

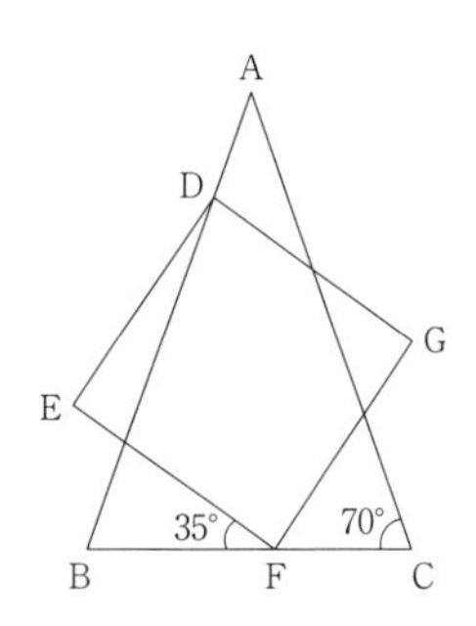

7 次の問いに答えなさい。

(1) 右の図において，同じ記号がついた角は等しいものとする。∠x の大きさを求めなさい。(　　　　　)(金蘭会高)

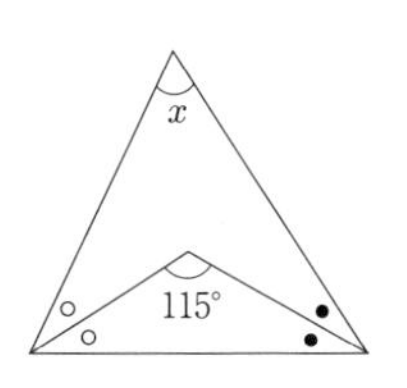

(2) 右の図において，四角形 ABCD の∠B，∠C の二等分線の交点を E とする。∠BAD = 87°，∠BEC = 111° のとき，∠x の大きさを求めなさい。

(　　　　　)(滝川第二高)

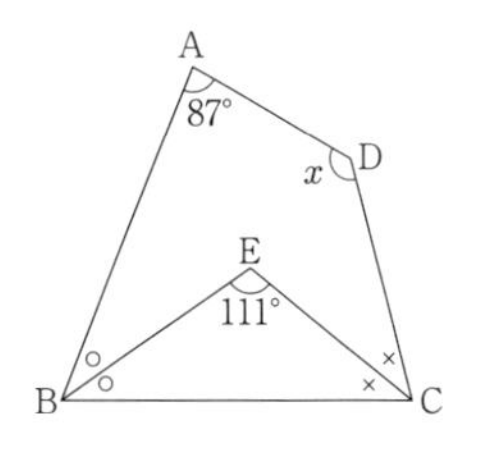

3 平行線と角

近道問題

1 次の問いに答えなさい。

(1) 右の図において，2 直線 ℓ と m は平行である。$\angle x$ の大きさを求めなさい。(　　　　　)　(東山高)

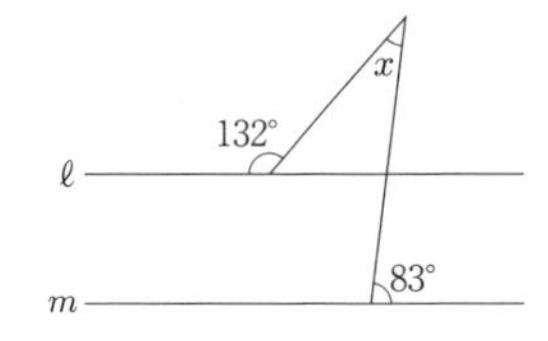

(2) 右の図で，$\ell /\!/ m$ のとき，$\angle x$ の大きさを求めなさい。(　　　　　)　(栃木県)

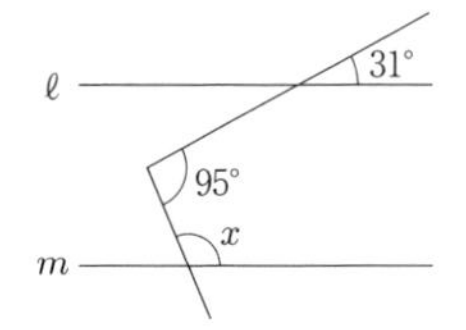

(3) 右の図で，$\ell /\!/ m$ であるとき，$\angle x$ の大きさを求めなさい。(　　　　　)　(京都明徳高)

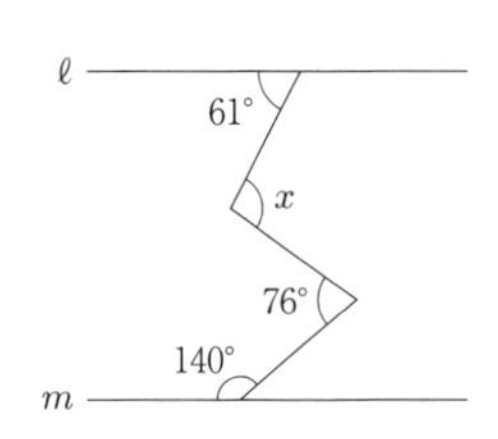

(4) 右の図において，$\ell /\!/ m$ のとき，$\angle x$ の大きさを求めなさい。(　　　　　)　(和歌山信愛高)

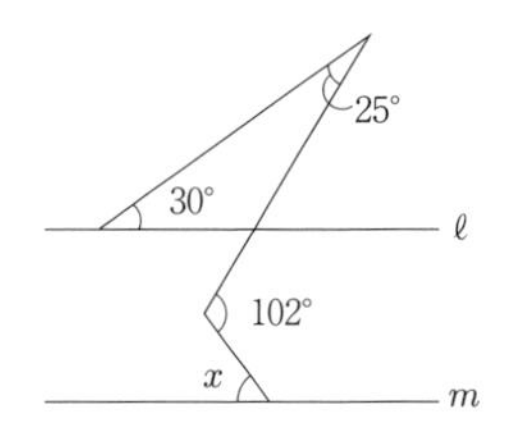

(5) 直線 m と直線 n は平行であるとする。
右の図において，x の値を求めなさい。
（　　　　　）（好文学園女高）

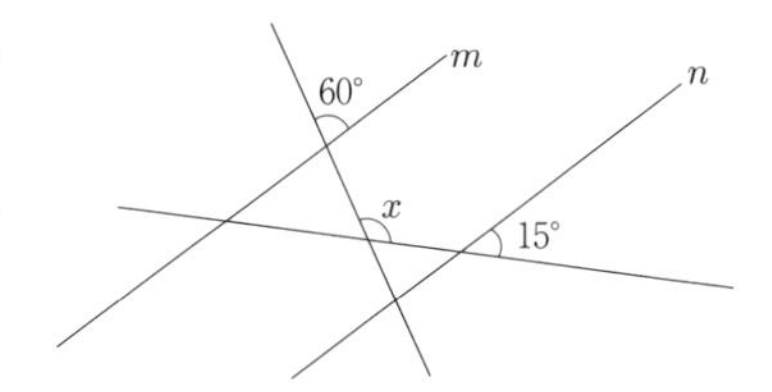

(6) 右の図において，$\angle x$ の大きさを求めなさい。
ただし，3 直線 ℓ，m，n はすべて平行である。
（　　　　　）（福岡工大附城東高）

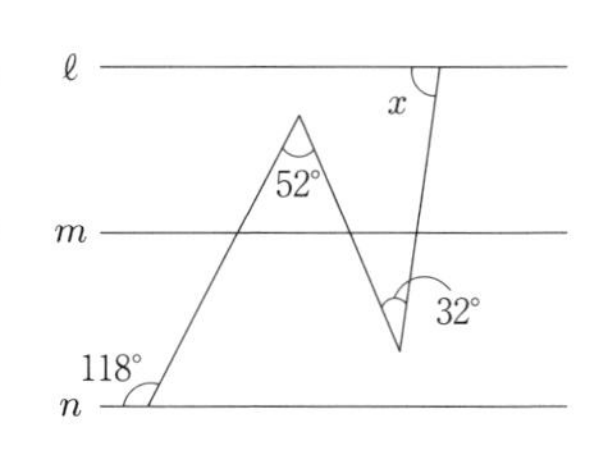

2 次の問いに答えなさい。

(1) 右の図のように，$\ell \parallel m$ で，正三角形の 2 つの頂点が ℓ 上と m 上にあるとき，$\angle x$，$\angle y$ の大きさを求めなさい。（樟蔭高）

$\angle x$ =（　　　　　）　$\angle y$ =（　　　　　）

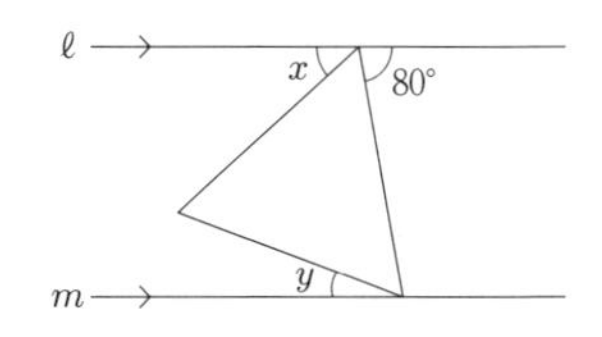

(2) 右の図のように，平行な 2 直線 ℓ，m に直角二等辺三角形を重ねたとき，$\angle x$ の大きさを求めなさい。（　　　　　）　（西南学院高）

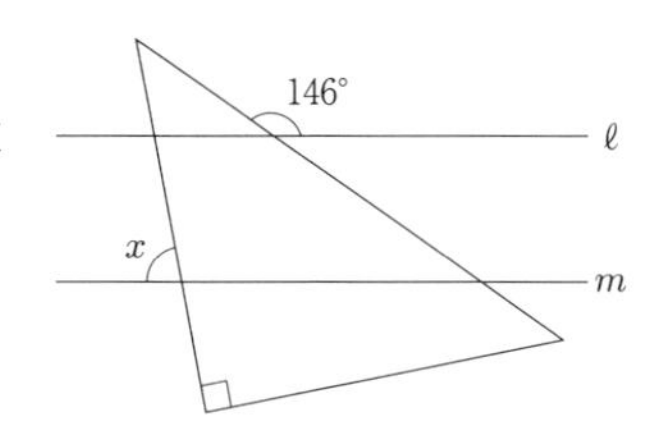

(3) 右の図で，$\ell \mathbin{/\!/} m$，AB = AC のとき，$\angle x$ の大きさを求めなさい。(　　　　　)

(青森県)

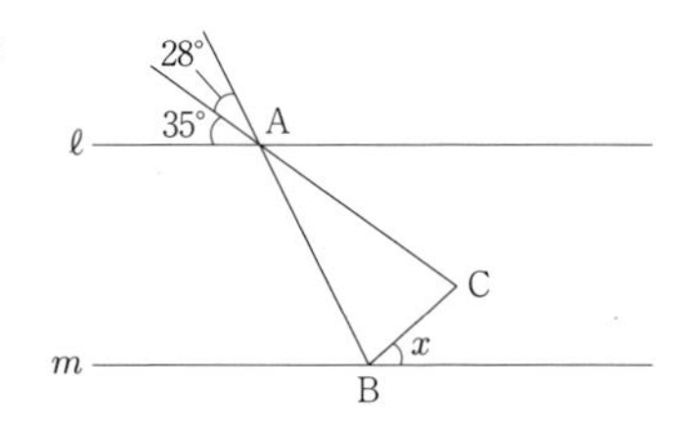

(4) 右の図のように，平行な2直線 ℓ, m と△ABC がある。△ABC は AB = AC の二等辺三角形であり，頂点 C は m 上にある。このとき，$\angle x$ の大きさを求めなさい。(　　　　　)(清風高)

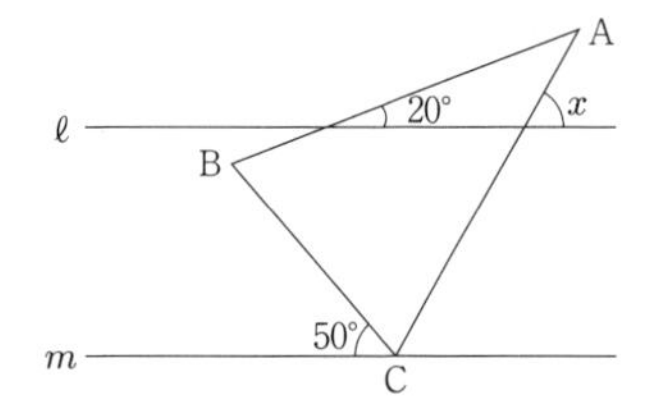

3 次の問いに答えなさい。

(1) 右の図において，$\ell \mathbin{/\!/} m$ のとき，$\angle x$ の大きさを求めなさい。ただし，図中の「•」は同じ角度を表す。(　　　　　)　(神戸星城高)

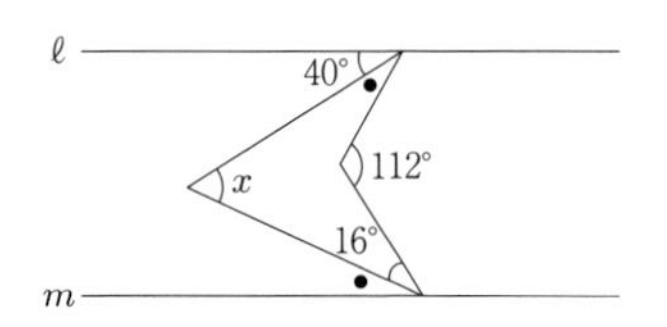

(2) 右の図は，$\ell \mathbin{/\!/} m$ で四角形 ABCD は平行四辺形である。このとき，$\angle x$ の大きさを求めなさい。(　　　　　)

(四天王寺東高)

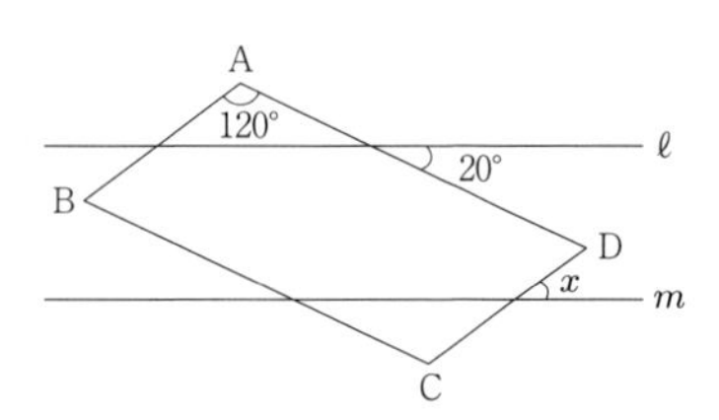

4 次の問いに答えなさい。

(1) 右の図のように，正五角形ABCDEと平行な2直線ℓ，mがあり，ℓ，mはそれぞれ点A，Cを通っている。このとき，$\angle x$の大きさを求めなさい。(　　　　　)

(九州国際大付高)

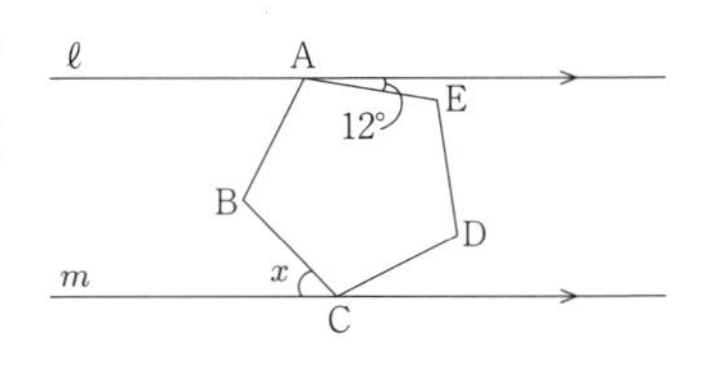

(2) 右の図において，直線m，nは平行で，直線mは正五角形ABCDEの頂点Aを通っている。このとき，$\angle x$の大きさを求めなさい。(　　　　　)　(自由ケ丘高)

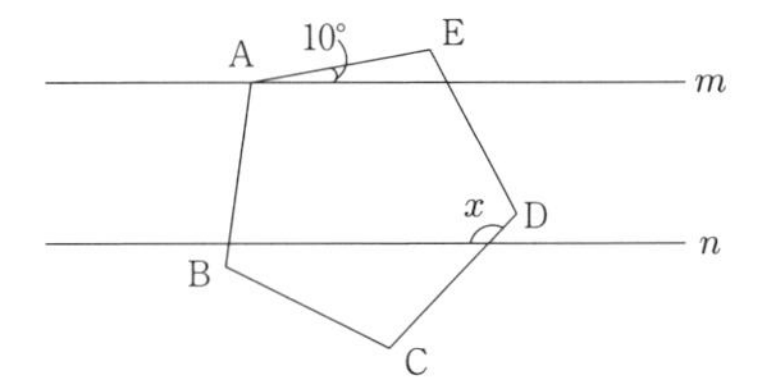

5 次の問いに答えなさい。

(1) 幅が一定のテープを右の図のように折り曲げると，角アの大きさが62°であった。このとき，角イの大きさを求めなさい。(　　　　　)　(初芝富田林高)

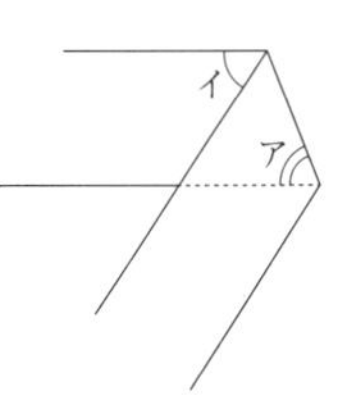

(2) 右の図は，長方形の紙ABCDを線分EFを折り目として折り返したものである。$\angle \mathrm{AEF} = 74°$のとき，$\angle x$，$\angle y$の大きさをそれぞれ求めなさい。

$\angle x$ = (　　　　　)　$\angle y$ = (　　　　　)

(明星高)

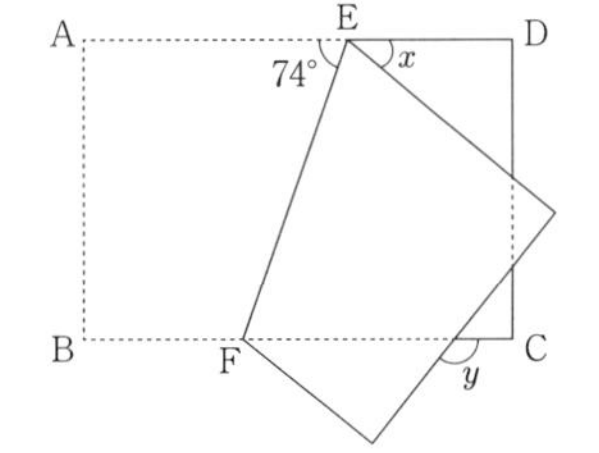

4　長さ・面積　近道問題

1　次の問いに答えなさい。

(1)　半径 10cm，中心角 216° であるおうぎ形の弧の長さを求めなさい。

（　　　　　cm）（大阪商大高）

(2)　半径が 3 cm，中心角が 30° のおうぎ形の面積を求めなさい。

（　　　　　cm^2）（大阪高）

(3)　半径が 6 cm で，面積が $12\pi\mathrm{cm}^2$ であるおうぎ形の弧の長さを求めなさい。

（　　　　　cm）（神戸国際大附高）

(4)　半径 8 cm，弧の長さ 10πcm のおうぎ形の面積を求めなさい。

（　　　　　cm^2）（金蘭会高）

2　線分 AB を直径とする半径 2 の半円 O がある。弧 AB 上に 2 点 P，Q を∠AOP = 36°，∠BOQ = 54° となるようにとる。半円を線分 PQ で 2 つの図形に分けたとき，弧 PQ と弦 PQ で囲まれた斜線部分の面積を求めなさい。（　　　　　）

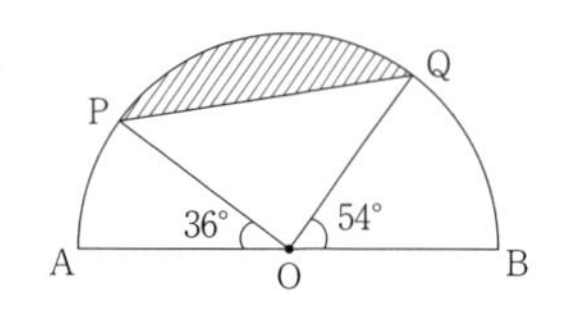

（福岡工大附城東高）

3 右の図のように，正方形の内部に向かい合う頂点を中心とする半径3の弧が描かれている。かげをつけた部分の面積を求めなさい。(　　　　　)　(関西創価高)

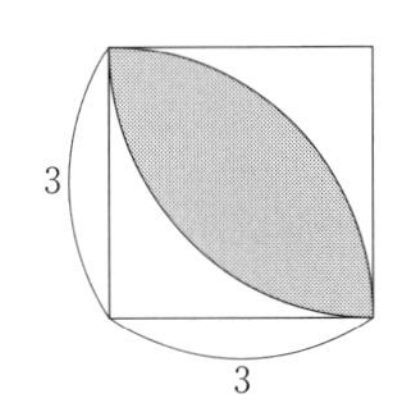

4 右の図は，おうぎ形と半円を組み合わせた図形です。斜線部分の面積を求めなさい。(　　　　　　cm²)

(樟蔭高)

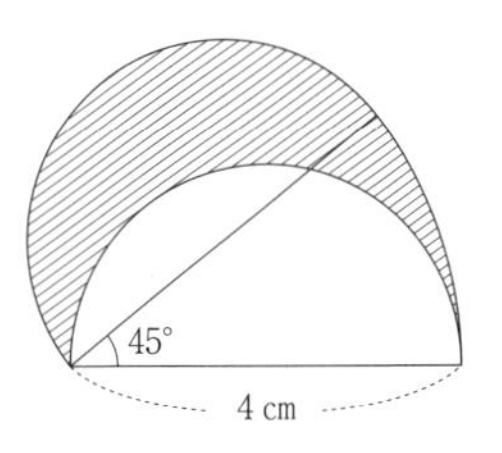

5 右の図の斜線部分の面積を求めなさい。

(　　　　　　cm²) (中村学園女高)

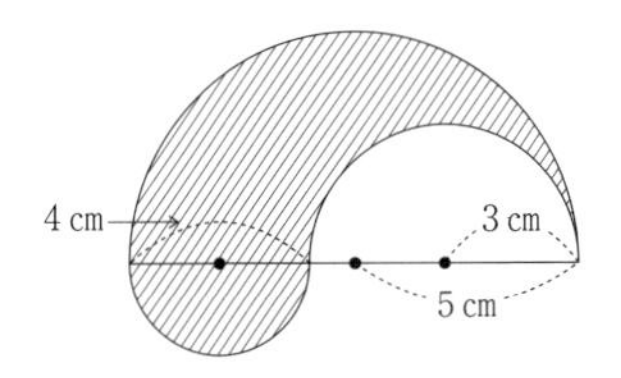

6 ひもの長さが5 cmで，おもりが半径1 cmの球である振り子があります。この振り子を振って横から見ると，図のようになりました。色を付けた部分の周りの長さと面積を求めなさい。周りの長さ(　　　　　　cm)　面積(　　　　　　cm²)

(清明学院高)

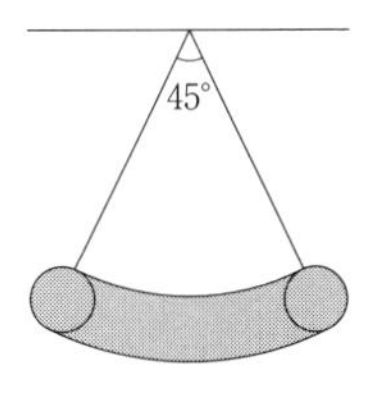

7 右の図のように，縦 12cm，横 8 cm の長方形の内部に円の一部と直線を用いて数字の 2 が描かれている。このとき，黒く塗られた部分の面積を求めなさい。

(cm^2) (京都両洋高)

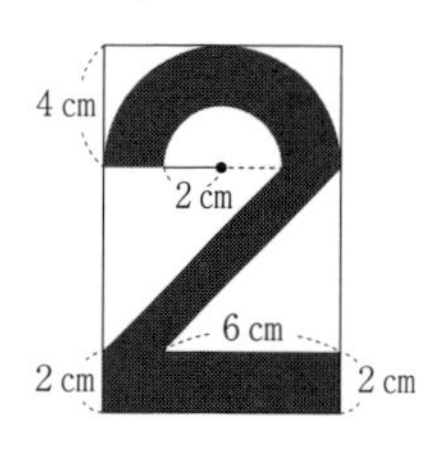

8 右の図のように，半径 2 の円の中に，直径 2 の円が均等に配置されているとき，斜線部分の面積を求めなさい。( ) (関西福祉科学大学高)

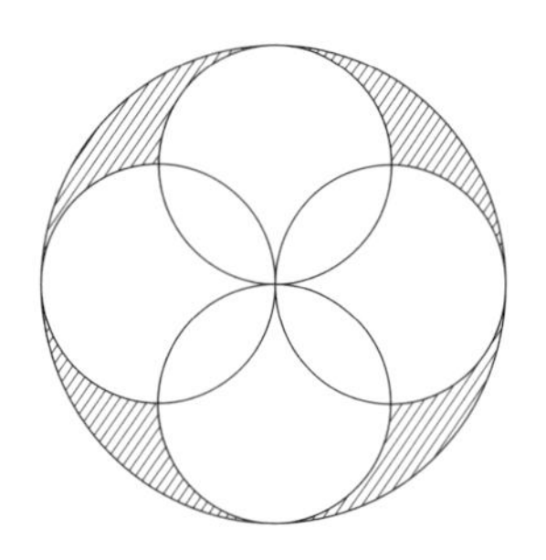

9 右の図は，線分 AB を 2 つの線分に分け，それぞれの線分を直径として作った円である。太線は 2 つの半円の弧をつなげたものである。AB = 10cm のとき，太線の長さを求めなさい。

(cm) (岐阜県)

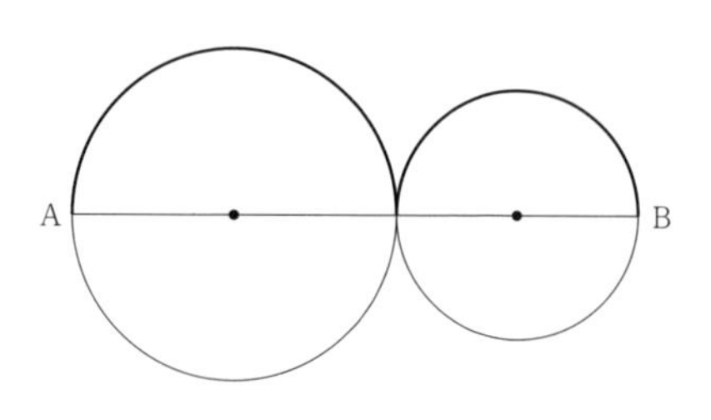

10 固定された正六角形ABCDEFの周りに糸が反時計回りに巻きつけられていて，糸の最後の端点Pは頂点Aの位置にあります。これが最初の状態です。次に，糸の端点Pを持って，糸がたるまずに張ったまま糸を時計回りにほどいていきます。正六角形ABCDEFの1辺の長さをaとして，次の問いに答えなさい。 （大阪薫英女高）

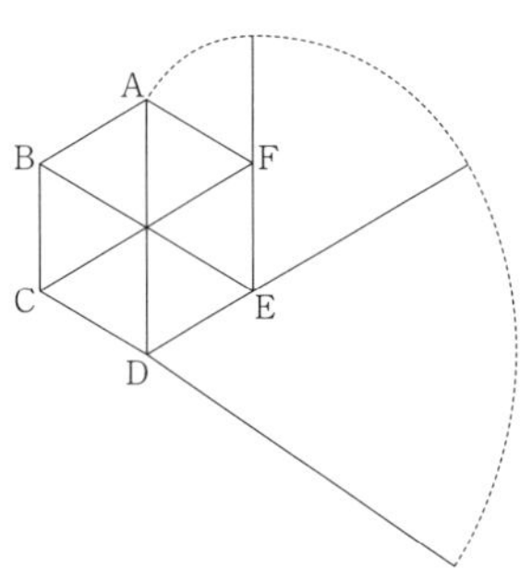

(1) 糸の端点Pが，EからFに向う半直線EF上に来たとき，点Pが点Aの位置から動いた跡（あと）の長さを，aを用いて表しなさい。(　　　　)

(2) 糸の端点Pが，BからCに向う半直線BC上に来たとき，点Pが点Aの位置から動いた跡の長さを，aを用いて表しなさい。(　　　　)

(3) (1)のとき，PとFを結びます。点Pが点Aの位置から動いた跡と線分PF，FAで囲まれた図形（ほどけた糸が通過した部分）の面積を，aを用いて表しなさい。(　　　　)

(4) (2)のとき，PとCを結びます。点Pが点Aの位置から動いた跡，および線分PC，CD，DE，EF，FAで囲まれた図形（ほどけた糸が通過した部分）の面積を，aを用いて表しなさい。(　　　　)

11 右の図の△ABCは$AB = 6$cm，$AC = 4$cmであり，$\angle BAP = \angle CAP = 35°$である。また，点Cを通り線分APに平行な直線と直線ABとの交点をDとする。 （沖縄県）

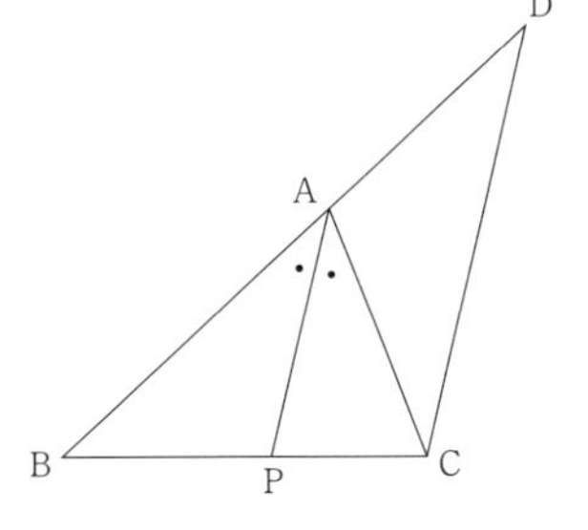

(1) ∠ACDの大きさを求めなさい。(　　　　)

(2) 線分ADの長さを求めなさい。

(　　　　cm)

12 右の図の平行四辺形ABCDで∠BADの二等分線と辺CDの交点をEとする。このとき，次の問いに答えなさい。

（アサンプション国際高）

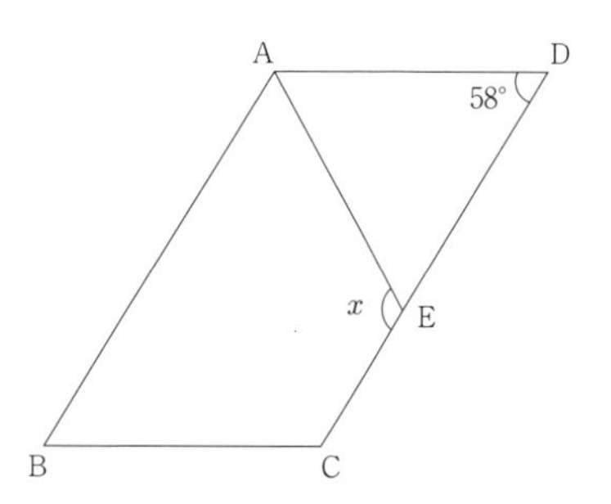

⑴　∠xの大きさを求めなさい。

（　　　　　）

⑵　AB = 12cm，BC = 7 cmのとき，台形ABCEの周の長さと三角形DAEの周の長さの差を求めなさい。（　　　　　cm）

13 右の図の四角形ABCDは一辺の長さが8 cmの正方形です。点HはADの中点，AE∶EB = 1∶3で，四角形AEGHと△GFCの面積が等しいとき，線分BFの長さを求めなさい。（　　　　　cm）

（帝塚山高）

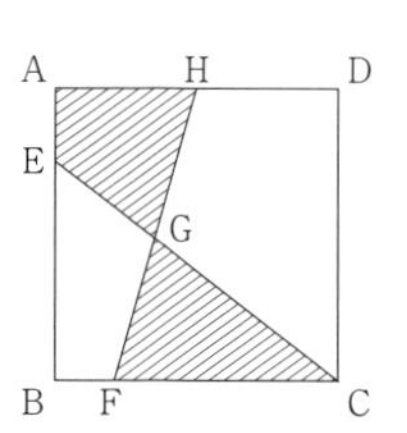

14 右の図の△ABCにおいて，点Dは辺BCの中点，点Eは線分ADを3∶1の比に分ける点である。△BDEの面積が3 cm^2であるとき，△ABCの面積を求めなさい。（　　　　　cm^2）

（福岡工大附城東高）

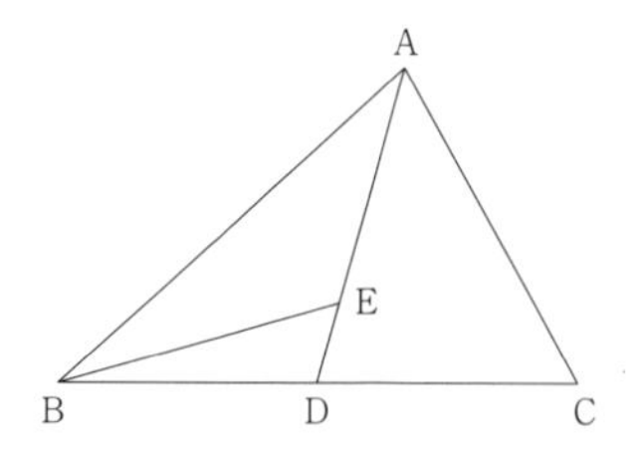

15 右の図で，四角形ABCDは，AD∥BCの台形である。Eは辺ABの中点，Fは辺DC上の点で，四角形AEFDと四角形EBCFの周の長さが等しい。AD = 2 cm，BC = 6 cm，DC = 5 cm，台形ABCDの高さが4 cmのとき，次の問いに答えなさい。 (愛知県)

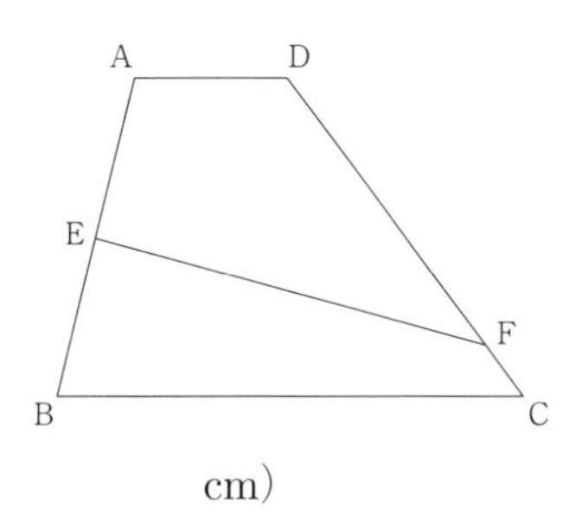

(1) 線分DFの長さは何cmか，求めなさい。(　　　　cm)

(2) 四角形EBCFの面積は何cm^2か，求めなさい。(　　　　cm^2)

16 右の図のように，線分PQ上を1辺3 cmの正三角形ABCが点Pから点Qの方向に転がっていく。点Aの動いた距離を求めなさい。ただし，PQ = 9 cmとする。(　　　　cm)

(大商学園高)

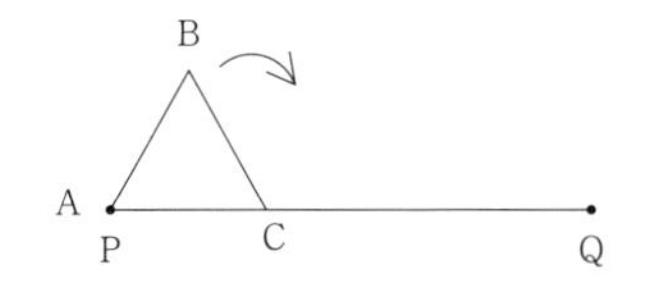

17 右の図のようなAB = 10，BC = 6，CA = 8とする△ABCがあります。この三角形の外側を半径2の円が転がって1周します。円の中心が通ったあとの長さを求めなさい。(　　　　)

(花園高)

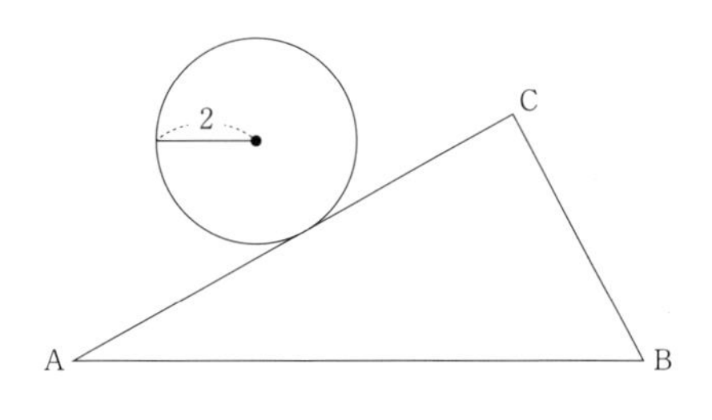

5 作図 近道問題

1 図の△ABCにおいて，辺BC上に∠BAP＝∠CAPとなる点Pを，定規とコンパスを使って作図して示しなさい。ただし，点を示す記号Pをかき入れ，作図に用いた線は消さずに残しておくこと。（沖縄県）

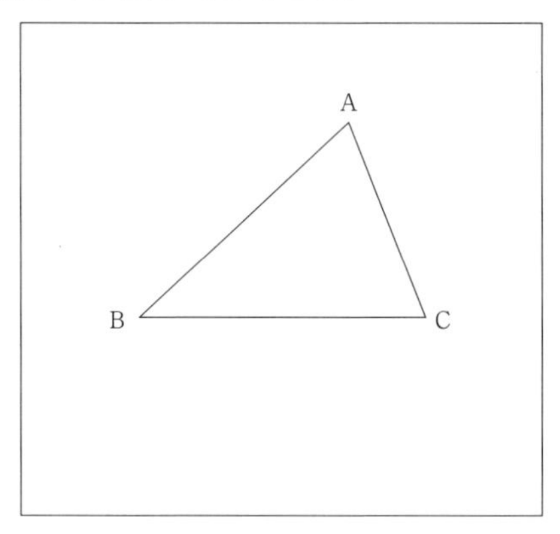

2 図のような△ABCについて，【条件】を満たす点Dを，定規とコンパスを使って作図しなさい。作図に使った線は残しておきなさい。（岡山県）

【条件】

点Dは線分BC上にあり，直線ADは△ABCの面積を二等分する。

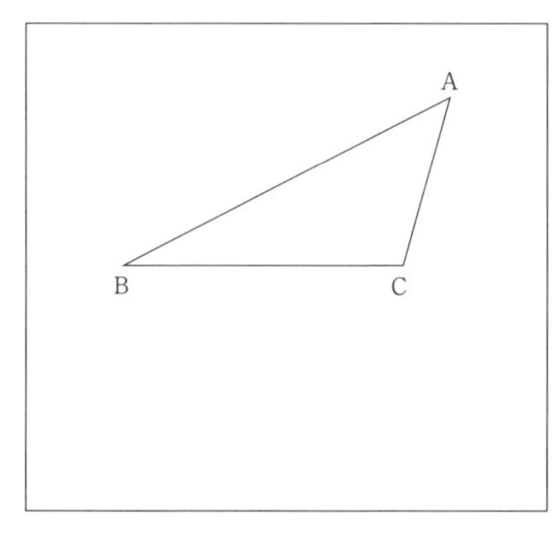

3 図のように，△ABCがある。∠BAP＝∠CAP，∠PBA＝60°となる点Pを，定規とコンパスを使って作図しなさい。なお，作図に用いた線は消さずに残しておくこと。 （熊本県）

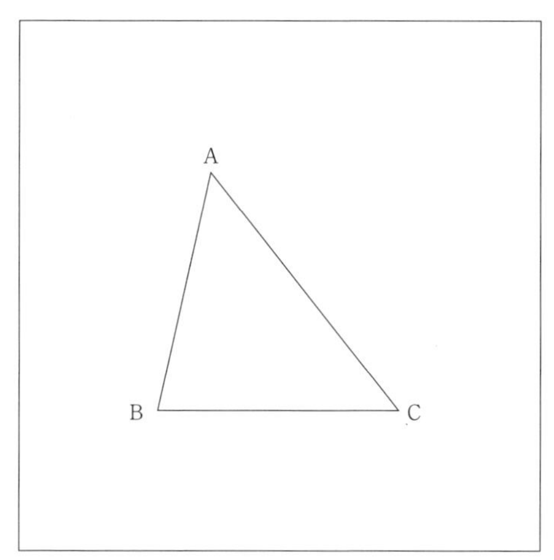

4 図のように，半直線OX，OY上にそれぞれ点A，Bがある。点A，Bからの距離が等しく，さらに，半直線OX，OYからの距離が等しくなる点Pを，作図によって求めなさい。ただし，作図には定規とコンパスを用い，作図に使った線は消さないこと。 （大分県）

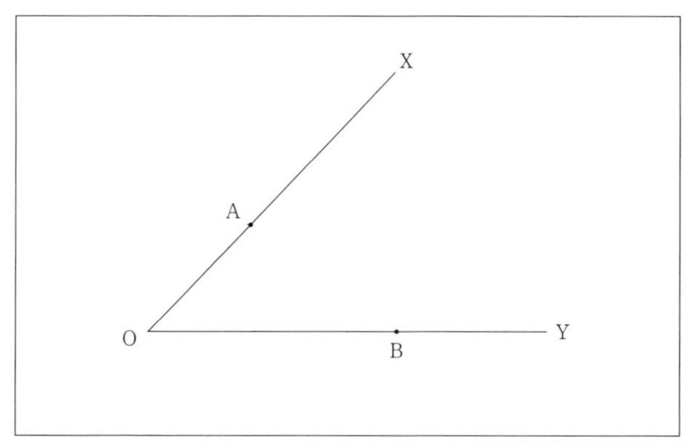

5 図において，2点A，Bは円Oの円周上の点である。∠AOP＝∠BOPであり，直線APが円Oの接線となる点Pを作図しなさい。ただし，作図には定規とコンパスを使用し，作図に用いた線は残しておくこと。 （静岡県）

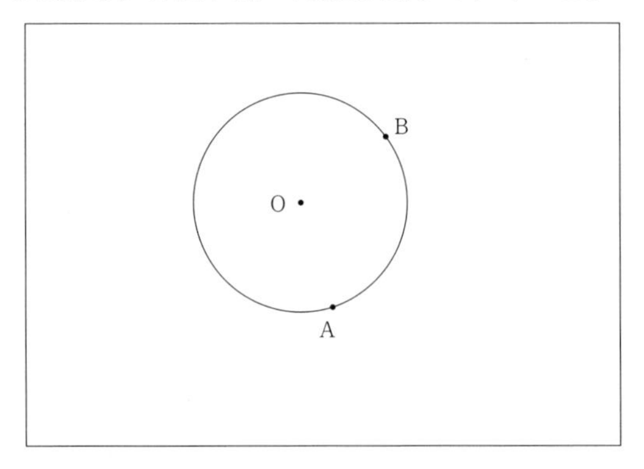

6 図のように，△ABCと点Dがある。このとき，次の条件を満たす円の中心Oを作図によって求めなさい。また，点Oの位置を示す文字Oも書きなさい。ただし，三角定規の角を利用して直線をひくことはしないものとし，作図に用いた線は消さずに残しておくこと。 （千葉県）

条件

- 円の中心Oは，2点A，Dから等しい距離にある。
- 辺AC，BCは，ともに円Oに接する。

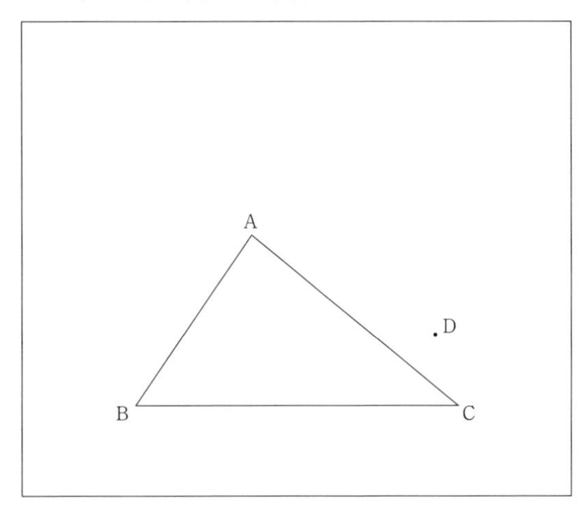

6 合同と証明

近道問題

1 右の図のように，平行四辺形ABCDがあり，対角線ACと対角線BDとの交点をEとする。辺AD上に点A，Dと異なる点Fをとり，線分FEの延長と辺BCとの交点をGとする。このとき，△AEF≡△CEGであることを証明しなさい。　（新潟県）

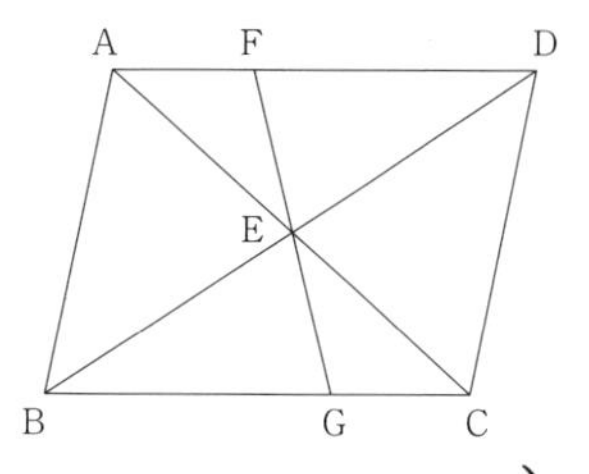

2 右の図のような，AB＜ADの平行四辺形ABCDがあり，辺BC上にAB＝CEとなるように点Eをとり，辺BAの延長にBC＝BFとなるように点Fをとる。ただし，AF＜BFとする。このとき，△ADF≡△BFEとなることを証明しなさい。　（栃木県）

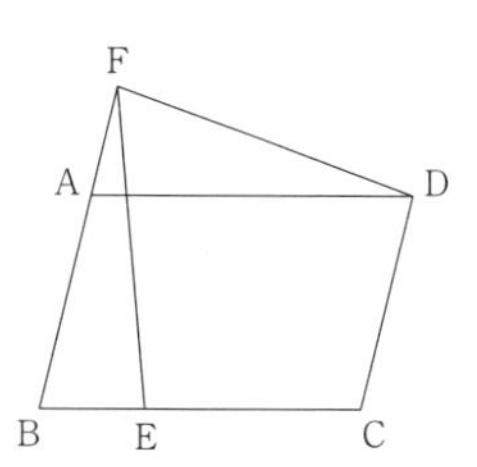

3 右の図において，△DBEは△ABCを，点Bを回転の中心として，DE∥ABとなるように回転移動したものである。線分ACと線分BDの交点をF，線分ACの延長と線分DEの交点をGとするとき，△FDA ≡△FGBであることを証明しなさい。 （山口県）

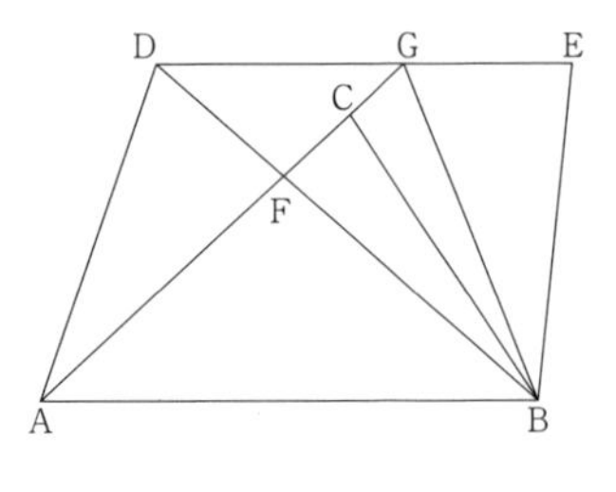

4 右の図のように，△ABCの辺AC上に2点D，Eがあり，AD = DE = ECとなっています。点Dを通り，直線BEに平行な直線をひき，辺ABとの交点をFとします。また，点Cを通り，辺ABに平行な直線をひき，直線BEとの交点をGとします。このとき，△AFD ≡△CGEであることを証明しなさい。 （岩手県）

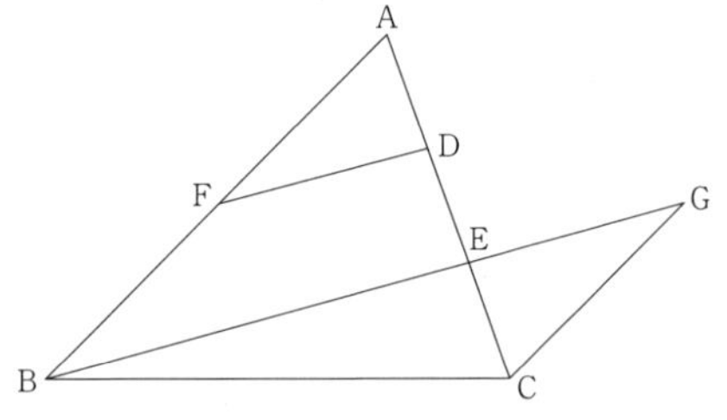

5 右の図において，$\triangle ABC \equiv \triangle DBE$ であり，辺 AC と辺 BE との交点を F，辺 BC と辺 DE との交点を G，辺 AC と辺 DE との交点を H とする。このとき，$AF = DG$ となることを証明しなさい。　（福島県）

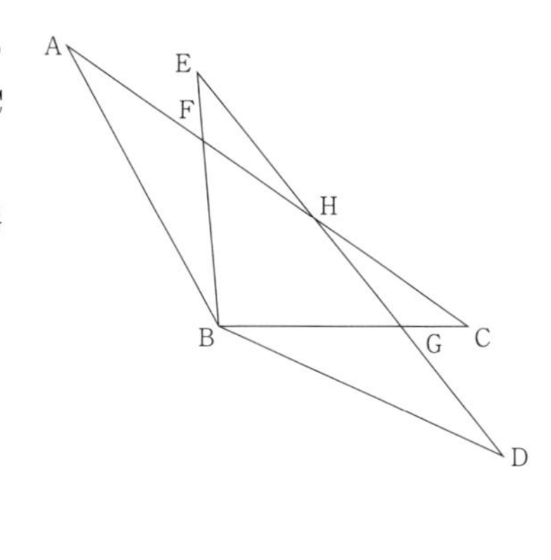

6 右の図のように，平行四辺形 ABCD の頂点 A，C から対角線 BD に垂線をひき，対角線との交点をそれぞれ E，F とします。このとき，四角形 AECF は平行四辺形であることを証明しなさい。

（埼玉県）

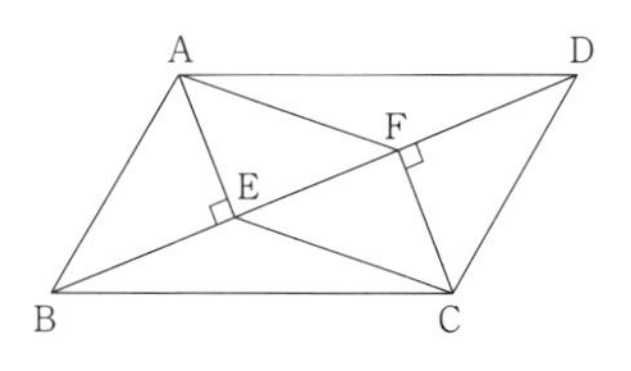

7 空間図形の性質 近道問題

1 空間内にある平面Pと，異なる2直線ℓ，mの位置関係について，つねに正しいものを，次のア～エから1つ選び，記号で答えなさい。(　　　) (山形県)

ア　直線ℓと直線mが，それぞれ平面Pと交わるならば，直線ℓと直線mは交わる。

イ　直線ℓと直線mが，それぞれ平面Pと平行であるならば，直線ℓと直線mは平行である。

ウ　平面Pと交わる直線ℓが，平面P上にある直線mと垂直であるならば，平面Pと直線ℓは垂直である。

エ　平面Pと交わる直線ℓが，平面P上にある直線mと交わらないならば，直線ℓと直線mはねじれの位置にある。

2 右の図のような，頂点がA，B，C，D，E，Fの正八面体があります。直線BCとねじれの位置にある直線は，ア～エのうちではどれですか。当てはまるものをすべて答えなさい。(　　　　) (岡山県)

ア　直線AD　　イ　直線DE　　ウ　直線BF

エ　直線EF

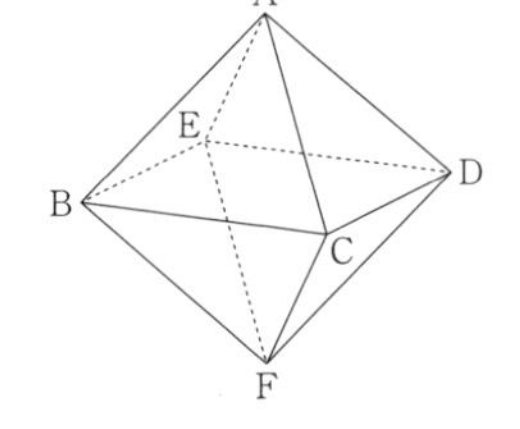

3 次のア～エは立方体の展開図です。これらをそれぞれ組み立てて立方体をつくったとき，面Aと面Bが平行になるものを，ア～エの中から1つ選び，その記号を書きなさい。(　　) (埼玉県)

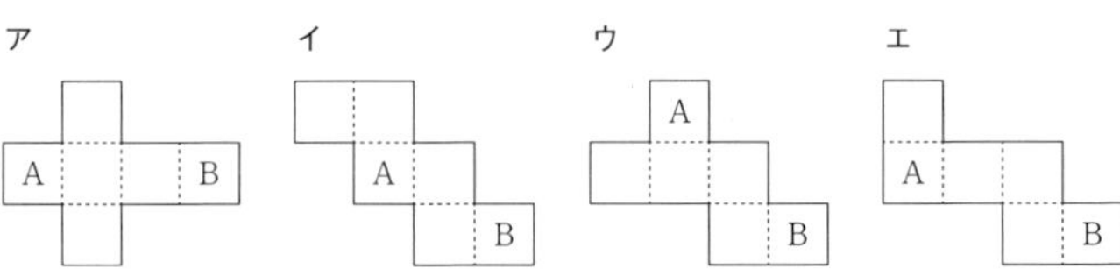

4 右の図の立体は，正四角すいである。次の**ア**～**エ**のうち，右の図の立体の投影図として最も適しているものはどれですか。1つ選びなさい。(　　　)　(大阪府)

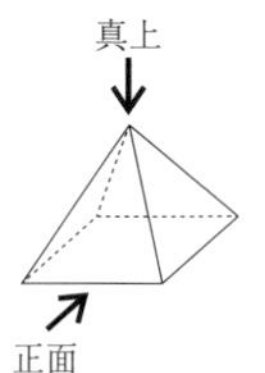

ア　(立面図)　(平面図)

イ

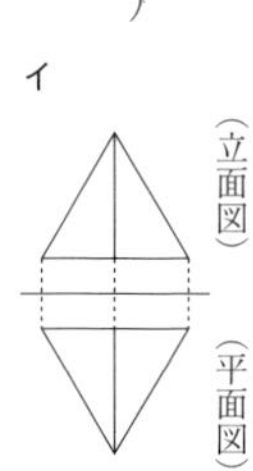

ウ

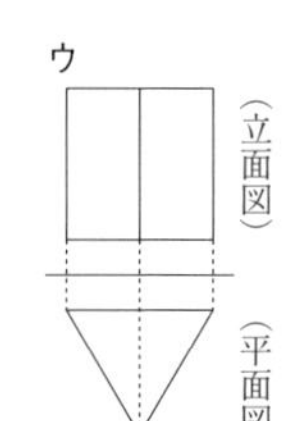

エ

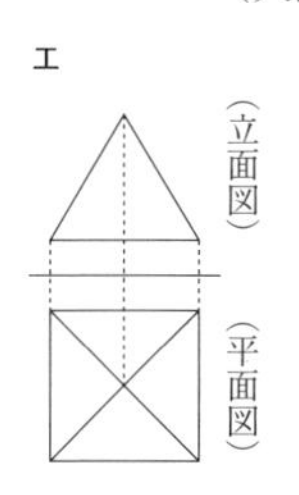

5 右の図の三角柱において，AB = BC，∠ABC = 90°，AB < BE である。この三角柱を辺 AC をふくむ平面で切るとき，切り口はどんな図形が考えられるか。次の**ア**～**オ**より，すべて選びなさい。(　　　)　(中村学園女高)

ア　二等辺三角形　**イ**　五角形　**ウ**　正三角形
エ　ひし形　**オ**　台形

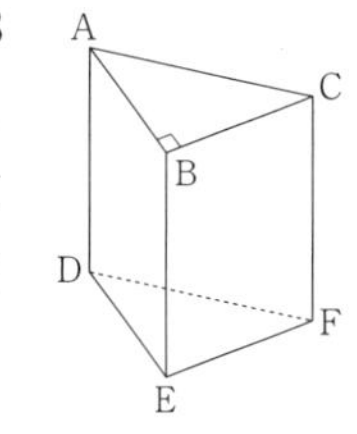

6 右の図は，線分 OA を母線とする，底面の半径が 5 cm，母線の長さが 10cm の円すいである。この円すいの側面を，線分 OA で切って開いたとき，側面の展開図として最も適切なものを，次の**ア**～**エ**から1つ選び，記号で答えなさい。
(　　　)(山形県)

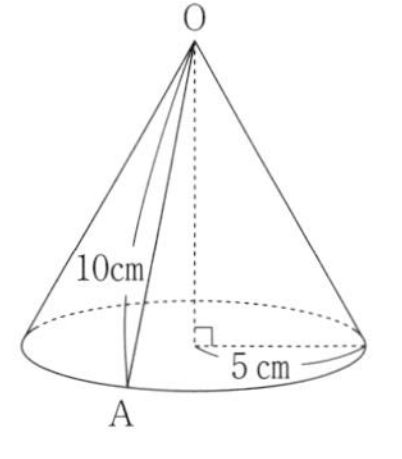

ア

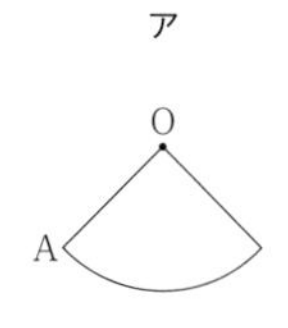

イ

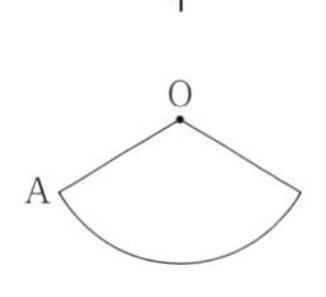

ウ

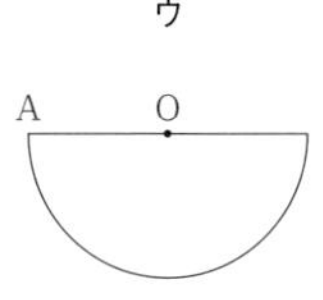

エ

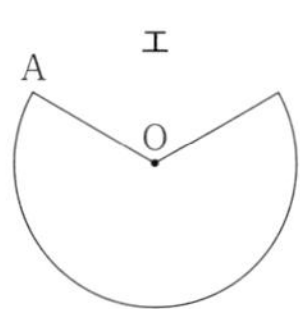

8 立方体・直方体・角柱・角錐 近道問題

1 右の図のように1辺の長さが3cmの立方体から三角錐BCDGを除いた多面体の体積を求めなさい。

(cm^3) (中村学園女高)

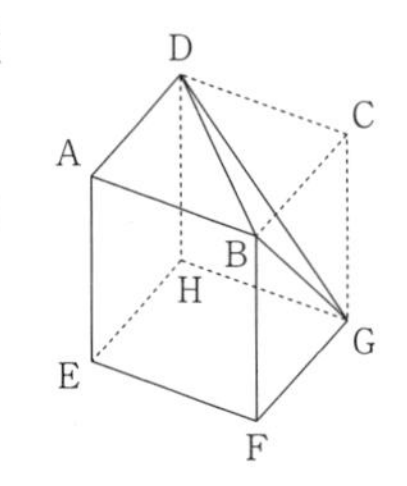

2 右の図において，立体ABCD—EFGHは直方体であり，AB = 3cm，AD = 4cm，AE = a cmである。直方体ABCD—EFGHの表面積は$87cm^2$である。aの値を求めなさい。(　　　)　(大阪府)

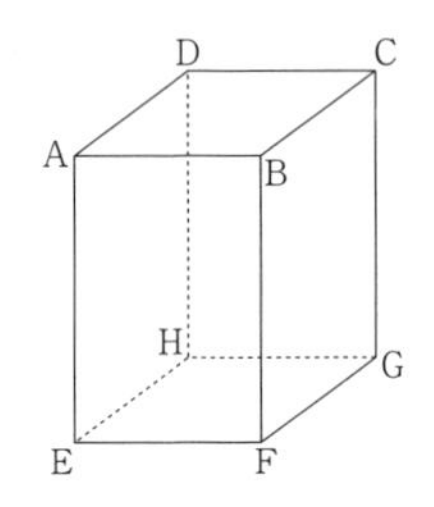

3 水の入った直方体の容器があり，図1のように四角形EFGHが底面となるようにして水の深さを測ると5cmである。この直方体を図2のように四角形BCGFが底面となるようにしたとき，水の深さを求めなさい。ただし，水の深さは底面と水面が平行になるようにして測るものとする。(　　　cm)

(東大谷高)

図1

図2

4 図1のように，1辺の長さが9cmの立方体状の容器に，水面が頂点A，B，Cを通る平面となるように水を入れた。次に，この容器を水平な台の上に置いたところ，図2のように，容器の底面から水面までの高さが$x$cmになった。xの値を求めなさい。(　　　　　)

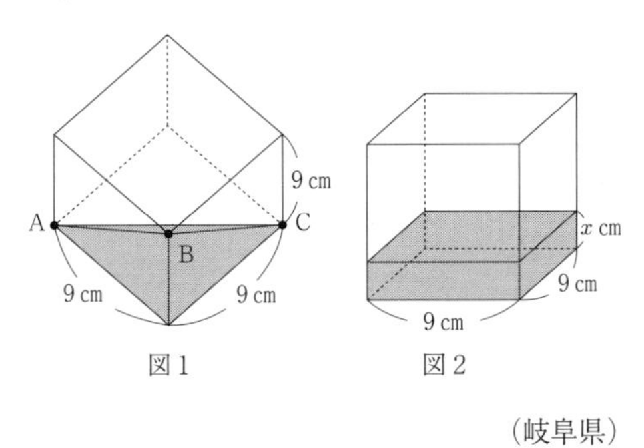

(岐阜県)

5 縦の長さが9cm，横の長さが12cmの長方形(図1)について，図2のような形に切り，直方体の展開図を作る。このとき，次の問いに答えなさい。

(京都両洋高)

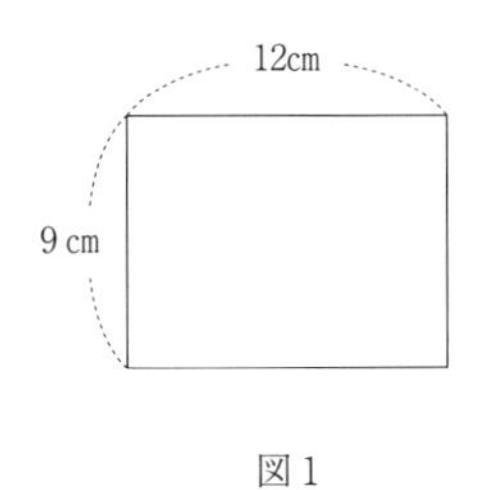

図1

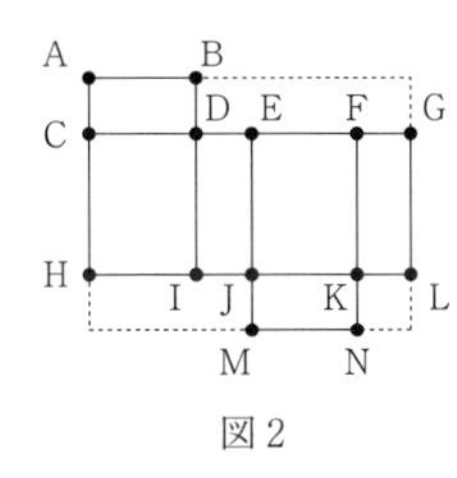

図2

(1) 図2の展開図を組み立てたとき，頂点Lと重なる頂点をすべて選び，記号で答えなさい。(　　　　　)

(2) CH = 5cmのとき，EFの長さと，この展開図を組み立ててできる直方体の体積を求めなさい。EF =(　　　　　cm)　体積(　　　　　cm^3)

6 図1のように，1辺が$a$cmの立方体ABCD—EFGHがあります。

次の問いに答えなさい。（北海道）

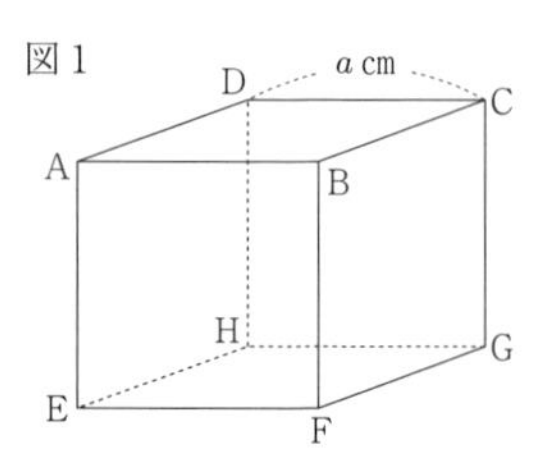

(1) 図2は，図1の立方体で，$a = 4$としたものです。立方体を3点A，C，Gを通る平面で切ります。頂点Fをふくむ立体の体積を求めなさい。

（　　　　　cm^3）

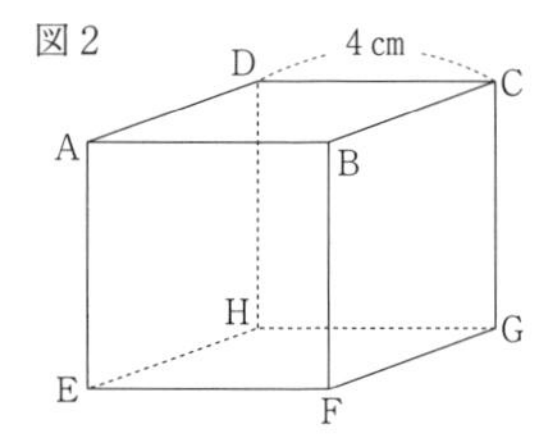

(2) 図1の立方体を3点B，E，Gを通る平面で切ります。頂点Fをふくむ立体の体積は，図1の立方体の体積の何倍ですか，求めなさい。（　　　　　倍）

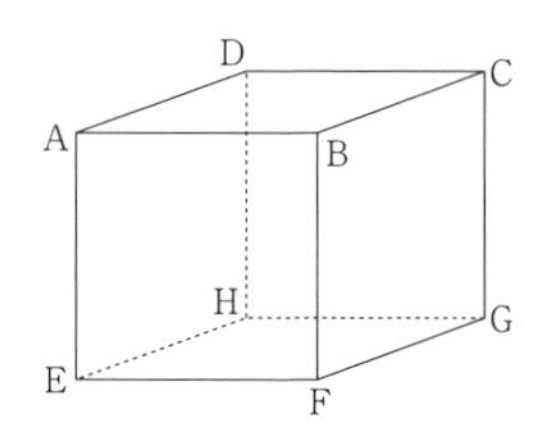

(3) 図3は，図1の立方体で，$a = 10$としたものです。点P，Qはそれぞれ頂点A，Bを同時に出発し，四角形ABCDの辺上を，Pは毎秒1cmの速さでBを通ってCまで，Qは毎秒2cmの速さでC，D，Aを通ってBまで移動します。2直線PQ，EGが同じ平面上にある直線となるのは，点P，Qがそれぞれ頂点A，Bを同時に出発してから，何秒後と何秒後ですか，求めなさい。（　　　　　秒後）（　　　　　秒後）

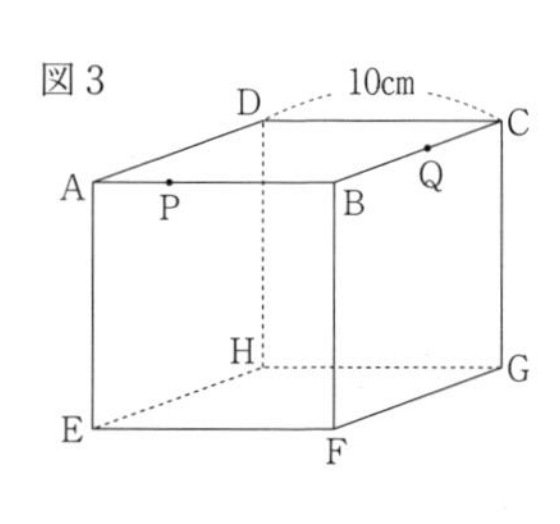

9 円柱・円錐・回転体・球 近道問題

1 右の図のように，底面の直径が8 cm，高さが8 cm の円柱がある。この円柱の表面積を求めなさい。

（　　　　　cm^2）（千葉県）

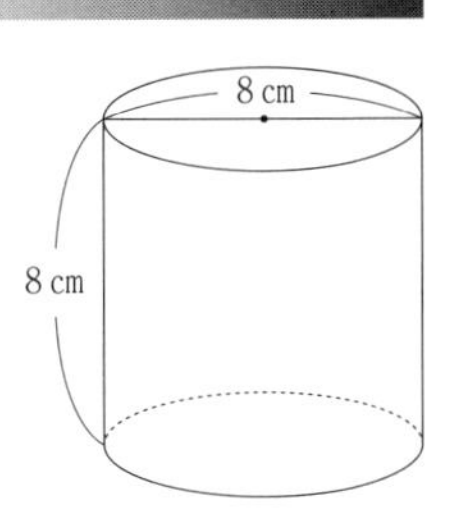

2 右の図はある円柱の展開図を表している。この円柱の体積を求めなさい。（　　　　　cm^3）（滝川第二高）

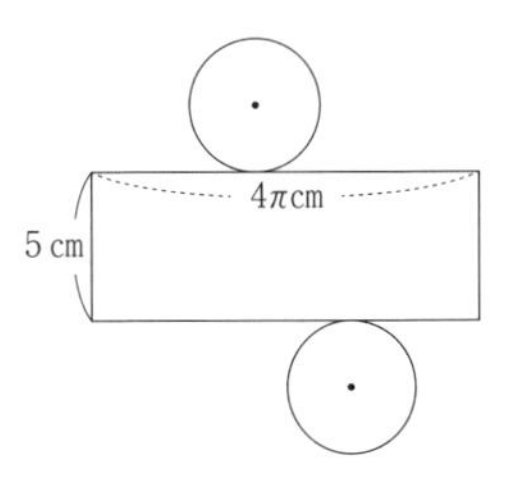

3 右の図のように，底面の半径が4 cm，母線の長さが10cm の円すいがある。（天理高）

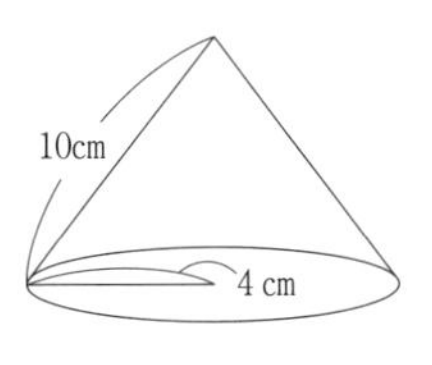

(1) この円すいの展開図をかいたとき，側面になるおうぎ形の中心角の大きさを求めなさい。（　　　　　）

(2) この円すいの表面積を求めなさい。（　　　　　cm^2）

4 半径が2 cm の球の体積と表面積を求めなさい。

体積（　　　　　cm^3）　表面積（　　　　　cm^2）（埼玉県）

5 半径4cmの半球の表面積と体積を求めなさい。

表面積(　　　　　　　cm^2)　体積(　　　　　　　cm^3)

(東大阪大柏原高)

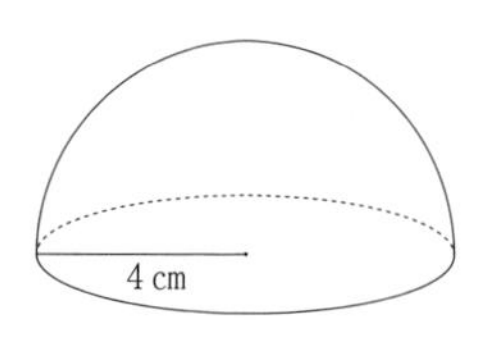

6 下の【図Ⅰ】のように，底面の半径が6cmのふたのない円柱の容器があり，高さ6cmのところまで水が入っている。この容器に半径3cmの鉄球を静かに沈めたところ，【図Ⅱ】のように水はこぼれることなく，ちょうどいっぱいになった。この円柱の容器の高さは何cmか求めなさい。ただし，容器の厚さは考えないものとする。(　　　　　　cm)　(福岡大附大濠高)

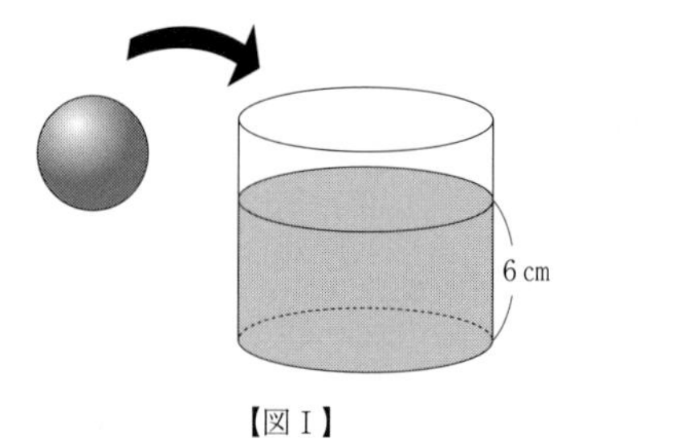

【図Ⅰ】

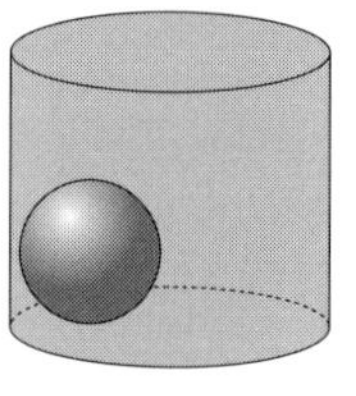

【図Ⅱ】

7 右のような図形がある。この図形を，直線ℓを軸として1回転させたときにできる立体の体積を求めなさい。

(　　　　　)(関西創価高)

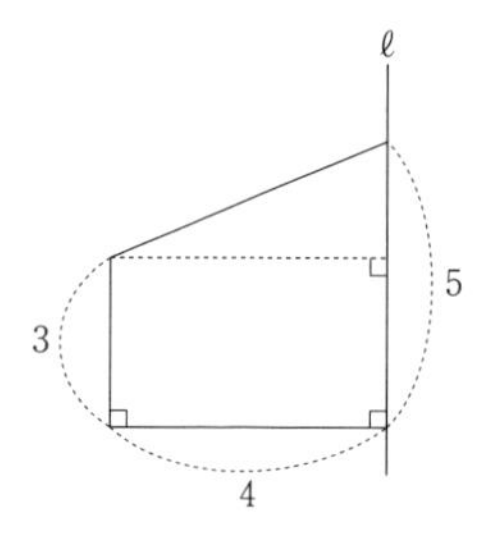

8 右の図のような，半径 5 cm，中心角 90° のおうぎ形 OAB があります。このおうぎ形を，直線 OA を回転の軸として 1 回転させてできる立体の体積を求めなさい。(　　　　　　cm^3)

（岡山県）

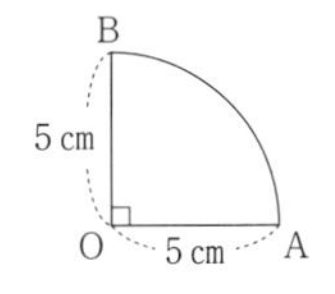

9 右の図のように，直角をはさむ 2 つの辺の長さがそれぞれ 2 cm，1 cm である直角三角形と直径が 2 cm である半円がある。これらを直線 ℓ，m を軸としてそれぞれ 1 回転させてできる立体の体積を a，b とするとき，$a : b$ を最も簡単な整数の比で表しなさい。

(　　　　　　)（福岡工大附城東高）

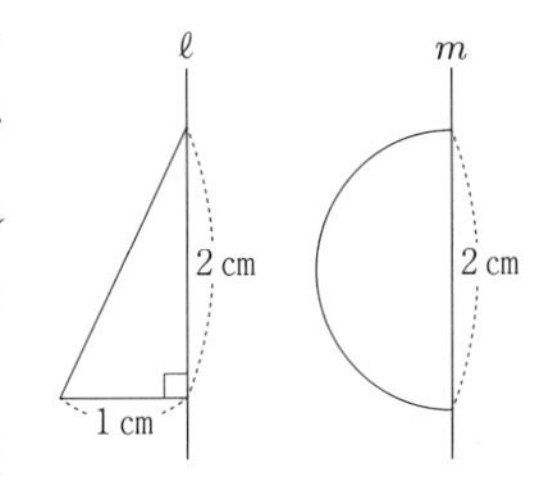

10 右の図で，D は△ABC の辺 BC 上の点で，BD : DC = 3 : 2，AD ⊥ BC であり，E は線分 AD 上の点である。△ABE の面積が△ABC の面積の $\dfrac{9}{35}$ 倍であるとき，次の問いに答えなさい。

（愛知県）

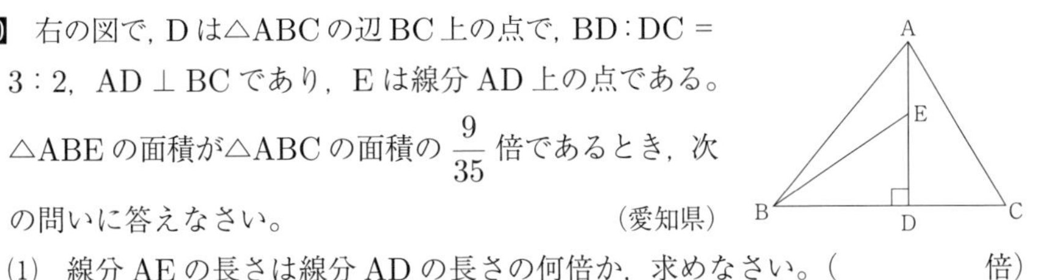

(1) 線分 AE の長さは線分 AD の長さの何倍か，求めなさい。(　　　　　　倍)

(2) △ABE を，線分 AD を回転の軸として 1 回転させてできる立体の体積は，△ADC を，線分 AD を回転の軸として 1 回転させてできる立体の体積の何倍か，求めなさい。(　　　　　　倍)

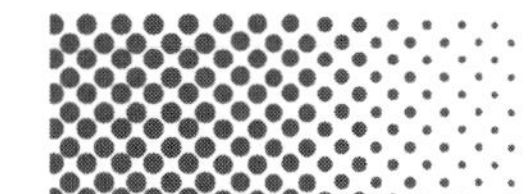
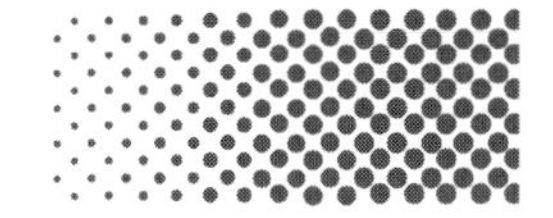

解答・解説

近道問題

1．平面図形の性質

1 (1) 720°　(2) 135°　(3) 30°　(4) 9　(5) 20（本）　(6) 20（本）　**2** △BQC

3 8（本）　**4**（次図1）　**5** ウ　**6**（次図2）

図1

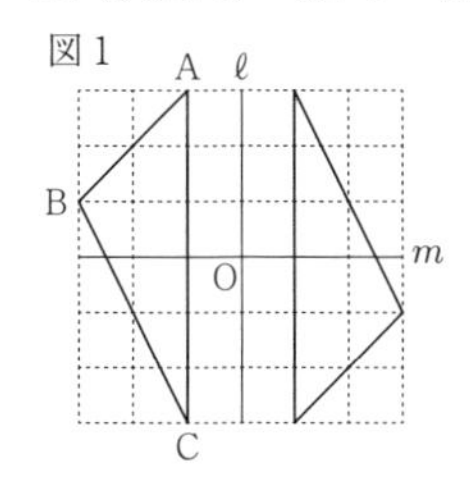

図2（例）

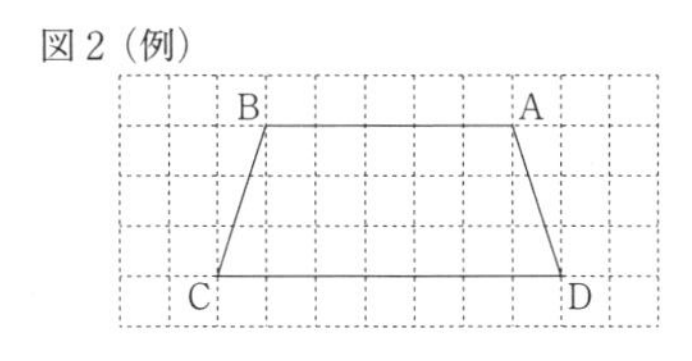

◇ 解説 ◇

1 (1) n 角形の内角の和は，$180° \times (n - 2)$ で求められるから，$180° \times (6 - 2) = 720°$

(2) 正八角形の1つの外角の大きさは，$360° \div 8 = 45°$　よって，1つの内角の大きさは，$180° - 45° = 135°$

(3) 外角の和は360°なので，1つの外角の大きさは，$360° \div 12 = 30°$

(4) 正 n 角形の1つの外角は，$180° - 140° = 40°$　多角形の外角の和は360°だから，$360° \div 40° = 9$　よって，$n = 9$

(5) 正八角形は8つの頂点があり，それぞれの頂点から5本の対角線がひけるが，(5×8) 本とすると同じ対角線を2回数えるから，求める対角線の本数は，$5 \times 8 \div 2 = 20$（本）

(6) 1つの外角の大きさと1つの内角の大きさの和は180°だから，1つの外角の大きさは，$180° \times \dfrac{1}{1 + 9} = 18°$　多角形の外角の和は360°だから，$360° \div 18° = 20$ より，この正多角形は正二十角形である。よって，辺の数は20本。

2 △ACP ＝△BCP だから，△AQP ＝△ACP －△QCP，△BQC ＝△BCP －△QCP より，△AQP ＝△BQC

3 右図のように，対称の軸は8本ある。

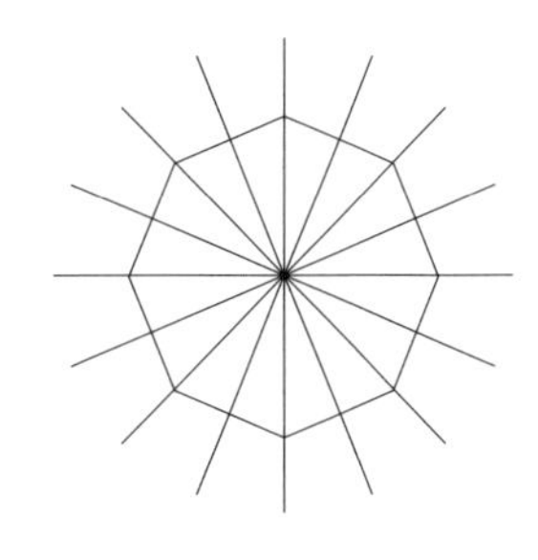

4 180°の回転移動になるので，右図のように，点Oについて，点Aと反対側にあり，OA = ODとなる点をDとし，点Oについて，点Bと反対側にあり，OB = OEとなる点をEとし，点Oについて，点Cと反対側にあり，OC = OFとなる点をFとして，3点D，E，Fを結んで三角形をつくればよい。

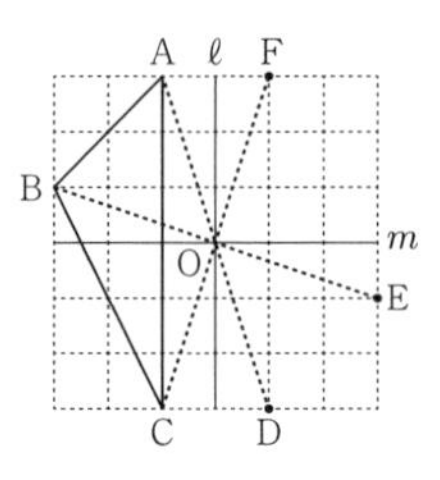

5 ウは長方形になる条件，ア，イ，エはひし形になる条件である。

2．多角形と角

1 (1) ① 38°　② 21°　(2) 17°　(3) 55°　(4) 125°　**2** 40°　**3** (1) 25°　(2) 55°　(3) 25°

4 (1) 72°　(2) (x =) 135°　(y =) 45°　(z =) 90°　**5** (1) 87°　(2) 540°

6 (1) 120°　(2) 105°　**7** (1) 50°　(2) 135°

解説

1 (1) ① $\angle x = 180° - (77° + 65°) = 38°$　② 右図で，三角形の外角と内角の関係より，$\angle z = \angle x + 44° = 82°$　よって，$\angle y = 180° - (77° + 82°) = 21°$

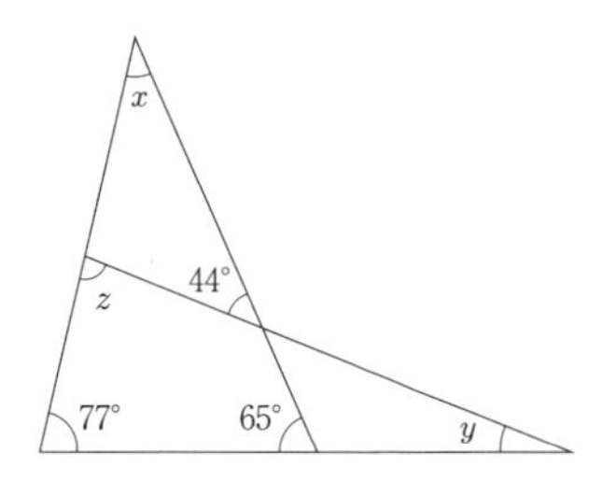

(2) 右図で，三角形の内角と外角の関係より，$\angle y = 94° - 45° = 49°$　よって，$\angle x = 49° - 32° = 17°$

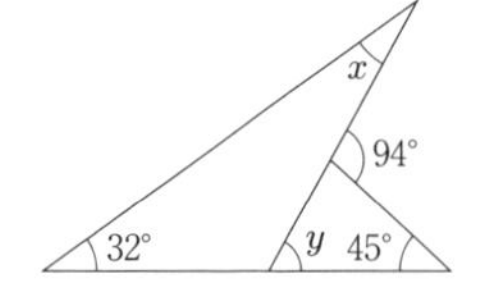

(3) △DBCは二等辺三角形なので，∠FCE = ∠DBE = 47°　∠AEB = 180° − 31° − 47° = 102°より，∠EFC = ∠AEB − ∠FCE = 102° − 47° = 55°

(4) 右図で，$\angle y = 180° - 120° = 60°$なので，多角形の外角より，$\angle z = 360° - (60° + 85° + 55° + 60° + 45°) = 55°$　よって，$\angle x = 180° - 55° = 125°$

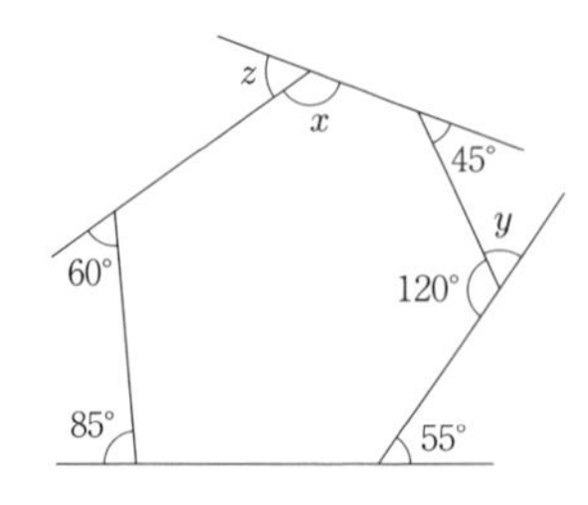

2 右図で，$\triangle$ABH の内角と外角の関係より，$\angle$AHG $= 25^\circ + 60^\circ = 85^\circ$　$\triangle$HEG の内角と外角の関係より，$\angle$EGH $= 85^\circ - 45^\circ = 40^\circ$
対頂角は等しいから，$\angle$CGF $= \angle$EGH $= 40^\circ$

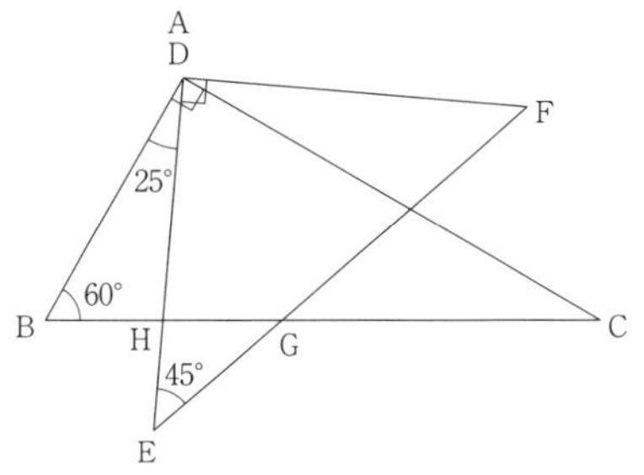

3 (1) 平行四辺形の対角は等しいから，$\angle$A $= \angle$C $= 130^\circ$　$\triangle$ABE は AB $=$ AE の二等辺三角形だから，$\angle$AEB $= (180^\circ - 130^\circ) \div 2 = 25^\circ$　AD $/\!/$ BC より，$\angle x = \angle$AEB $= 25^\circ$

(2) $\triangle$AEF は二等辺三角形だから，$\angle$EAF $= (180^\circ - 30^\circ) \div 2 = 75^\circ$　平行四辺形の対角は等しいから，$\angle$BAF $= 130^\circ$　よって，$\angle x = 130^\circ - 75^\circ = 55^\circ$

(3) AD と FG との交点を H とする。AD $/\!/$ BC より，$\angle$EHF $= \angle$HFC $= 45^\circ$　$\angle$GED $= 180^\circ - 160^\circ = 20^\circ$ だから，$\triangle$EHG の内角と外角の関係より，$\angle$EGF $= 45^\circ - 20^\circ = 25^\circ$

4 (1) 正五角形の1つの内角の大きさは，$\dfrac{180^\circ \times (5-2)}{5} = 108^\circ$　$\triangle$CBD，$\triangle$DCE は合同な二等辺三角形で，$\angle$BDC $= \angle$ECD $= (180^\circ - 108^\circ) \div 2 = 36^\circ$　$\triangle$CDF の内角と外角の関係より，$\angle x = 36^\circ + 36^\circ = 72^\circ$

(2) 正八角形の1つの外角の大きさは，$360^\circ \div 8 = 45^\circ$ なので，$\angle x = 180^\circ - 45^\circ = 135^\circ$
四角形 ABCD は線対称な台形だから，$\angle$ADC $= (360^\circ - 135^\circ \times 2) \div 2 = 45^\circ$　よって，$\angle$ADE $= 135^\circ - 45^\circ = 90^\circ$ で，$\angle$AFE，$\angle z$ も同様に 90°。四角形 ADEF の内角の和より，$\angle y = 360^\circ - (90^\circ \times 2 + 135^\circ) = 45^\circ$

5 (1) 右図において，$\angle a + \angle b = \angle c + \angle d$　多角形 ABCDEF は六角形だから，内角の和は，$180^\circ \times (6-2) = 720^\circ$　よって，内角について，$100^\circ + 110^\circ + 120^\circ + 118^\circ + 95^\circ + \angle d + \angle c + 90^\circ = 720^\circ$ より，$\angle c + \angle d = 87^\circ$ から，$\angle a + \angle b = 87^\circ$

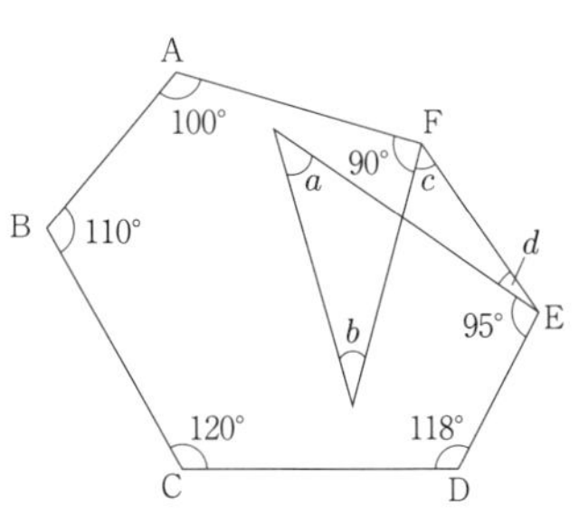

(2) 右図で，三角形の内角と外角の関係より，$\angle$オ $= \angle$ア $+ \angle$イ，$\angle$オ $= \angle$ウ $+ \angle$エなので，$\angle$ア $+ \angle$イ $= \angle$ウ $+ \angle$エ　よって，求める角の和は，三角形1個と四角形1個の内角の和と等しいので，$180^\circ + 360^\circ = 540^\circ$

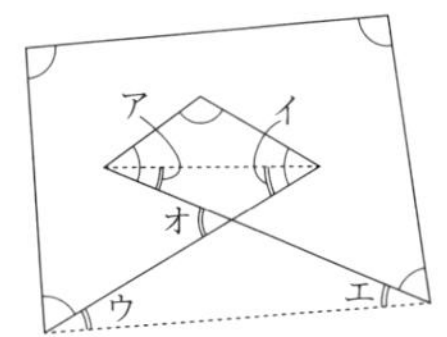

6 (1) 四角形BCDEは正方形，△FBEは正三角形だから，BC = BE = BF　したがって，△BCFはBC = BFの二等辺三角形で，∠CBF = 90° + 60° = 150°だから，∠BCF = (180° − 150°) ÷ 2 = 15°　同様に，△BEAで∠BAE = 15°　△AGCで，∠GAC = 60° − 15° = 45°，∠GCA = 60° + 15° = 75°だから，∠AGF = ∠GAC + ∠GCA = 45° + 75° = 120°

(2) △ABCは二等辺三角形なので，∠ABC = ∠ACB = 70°　また，四角形DEFGは正方形なので，∠FDG = ∠DFG = ∠DFE = 45°　よって，∠FDB = 180° − 70° − 35° − 45° = 30°なので，∠ADG = 180° − 45° − 30° = 105°

7 (1) • + ◦ + 115° = 180°より，• + ◦ = 65°　よって，∠x = 180° − 2 (• + ◦) = 180° − 65° × 2 = 50°

(2) ∠EBC + ∠ECB = 180° − 111° = 69°だから，∠ABC + ∠DCB = 69° × 2 = 138°　よって，∠x = 360° − 87° − 138° = 135°

3．平行線と角

1 (1) 35°　(2) 116°　(3) 97°　(4) 47°　(5) 75°　(6) 82°

2 (1) (∠x =) 40°　(∠y =) 20°　(2) 79°　(3) 41°　(4) 60°　**3** (1) 68°　(2) 40°

4 (1) 48°　(2) 134°　**5** (1) 56°　(2) (∠x =) 32°　(∠y =) 122°

◇ **解説** ◇

1 (1) 右図で，平行線の同位角は等しいから，∠a = 83°　よって，∠b = 180° − 83° = 97°　三角形の内角と外角の関係より，∠x = 132° − 97° = 35°

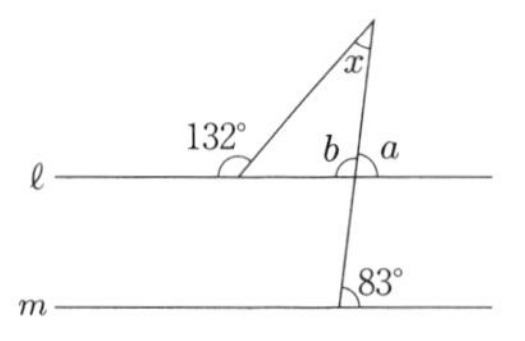

(2) 右図のように，ℓ∥nとなる直線nをひき，各点をA〜Gとすると，ℓ∥nより，∠BDE = ∠ABC = 31°　よって，∠EDG = 95° − 31° = 64°　n∥mより，∠DGF = ∠EDG = 64°　よって，∠x = 180° − 64° = 116°

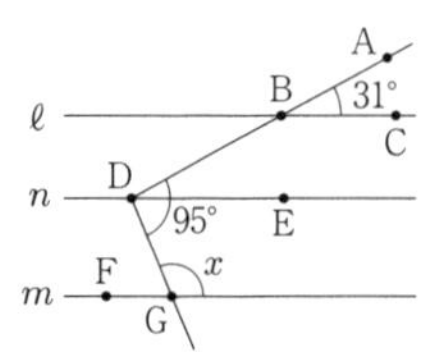

(3) 右図のように，ℓ，mに平行な直線を加える。三角形の内角と外角の関係より，∠a = 76° − (180° − 140°) = 36°　平行線の錯角は等しいことから，∠x = 61° + 36° = 97°

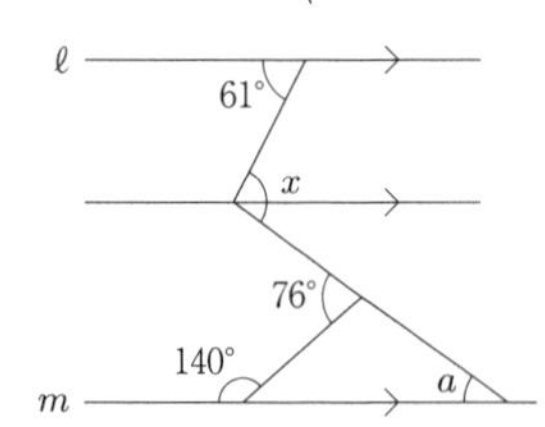

(4) 右図のように，ℓ，m に平行な直線 n をひく。三角形の内角と外角の関係より，$\angle a = 30° + 25° = 55°$　平行線の同位角は等しいから，$\angle b = \angle a = 55°$　よって，$\angle c = 102° - 55° = 47°$　平行線の錯角は等しいから，$\angle x = \angle c = 47°$

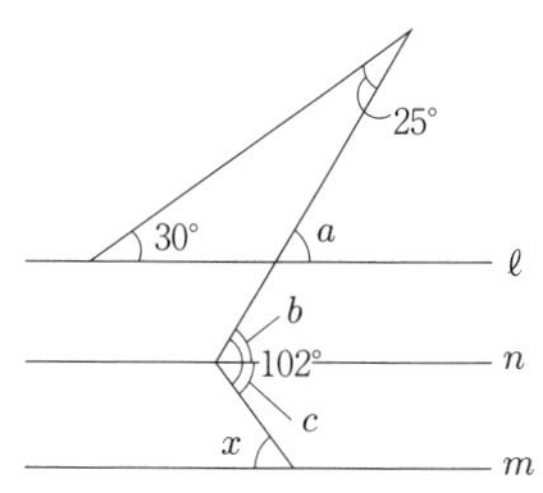

(5) 右図で，対頂角だから，$\angle BAC = 60°$　また，$m \mathbin{/\!/} n$ より，$\angle ABC = 15°$　よって，△ABC で，$\angle ACD = 60° + 15° = 75°$ だから，$x = 75°$

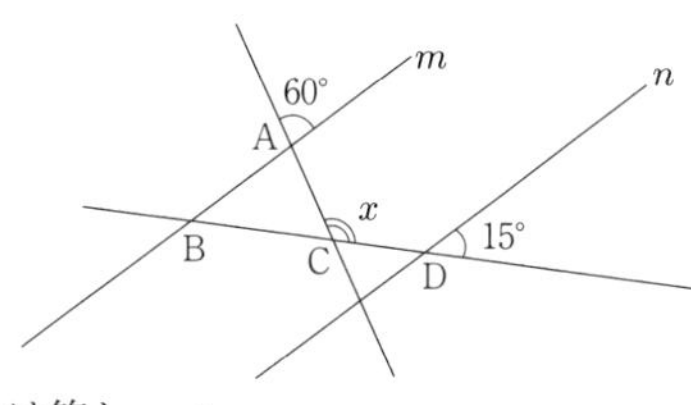

(6) 右図で，$\angle a = 180° - 52° = 128°$　平行線の錯角は等しいから，$\angle b = 118°$　太線の四角形の内角の和より，$\angle x = 360° - (118° + 128° + 32°) = 82°$

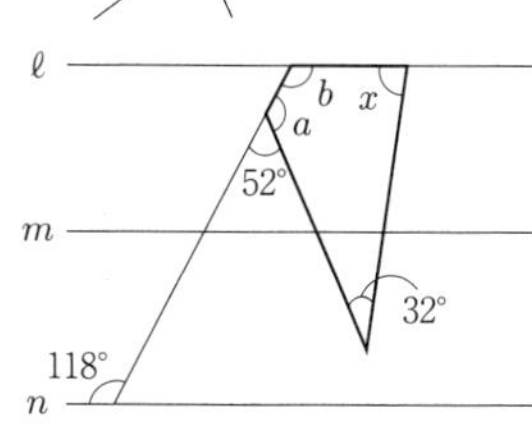

2 (1) 右図で，△ABC は正三角形だから，$\angle BAC = \angle BCA = 60°$　したがって，$\angle x = 180° - (80° + 60°) = 40°$　$\ell \mathbin{/\!/} m$ より，$\angle y + \angle BCA = 80°$ だから，$\angle y = 80° - 60° = 20°$

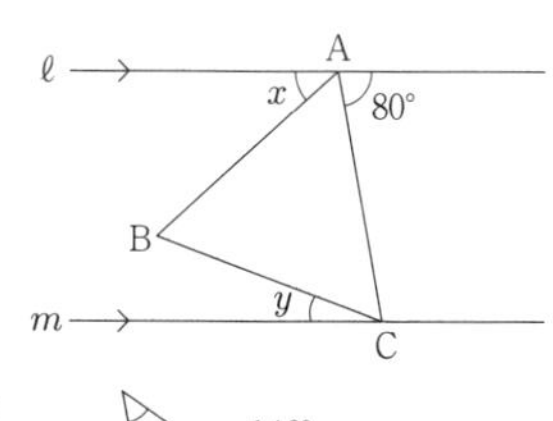

(2) 右図で，平行線の同位角は等しいから，$\angle a = 146°$　よって，$\angle b = 180° - 146° = 34°$　$\angle c = 45°$ だから，三角形の内角と外角の関係より，$\angle x = \angle b + \angle c = 34° + 45° = 79°$

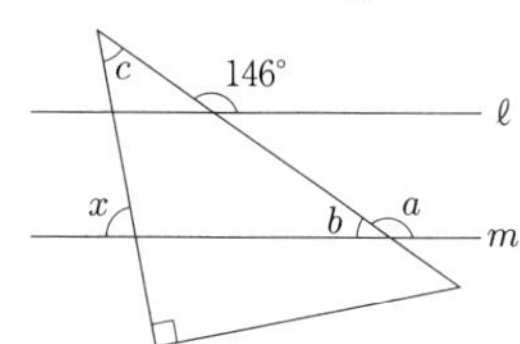

(3) $\angle BAC = 28°$ だから，AB = AC より，$\angle ABC = (180° - 28°) \div 2 = 76°$　また，平行線の同位角は等しいから，$(28° + 35°) + 76° + \angle x = 180°$　よって，$\angle x = 41°$

(4) 右図のように，点 B を通り ℓ，m と平行な直線 n をひき，辺 AC との交点を D とし，m 上に点 E をとる。$\ell \mathbin{/\!/} n$ より，$\angle ABD = 20°$　$n \mathbin{/\!/} m$ より，$\angle CBD = 50°$ だから，$\angle ABC = 20° + 50° = 70°$　△ABC で，AB = AC より，$\angle ACB = \angle ABC = 70°$ だから，$\angle ACE = 180° - (50° + 70°) = 60°$　$\ell \mathbin{/\!/} m$ より，$\angle x = \angle ACE = 60°$

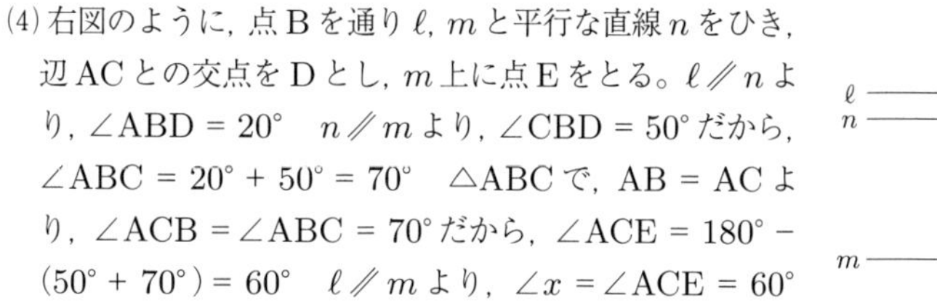

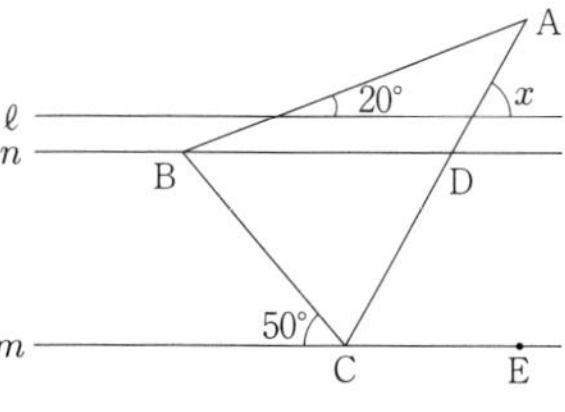

3 (1) 同じ大きさの角を$\angle y$とし，右図のように，2直線ℓ，mに平行な直線をひく。平行線の錯角は等しいから，$\angle x = 40° + \angle y$　また，四角形の内角の和は360°だから，$\angle y + \angle x + 16° + (360° - 112°) = 360°$より，$\angle y + \angle x = 96°$　したがって，$\angle y + (40° + \angle y) = 96°$より，$\angle y = (96° - 40°) \div 2 = 28°$　よって，$\angle x = 40° + 28° = 68°$

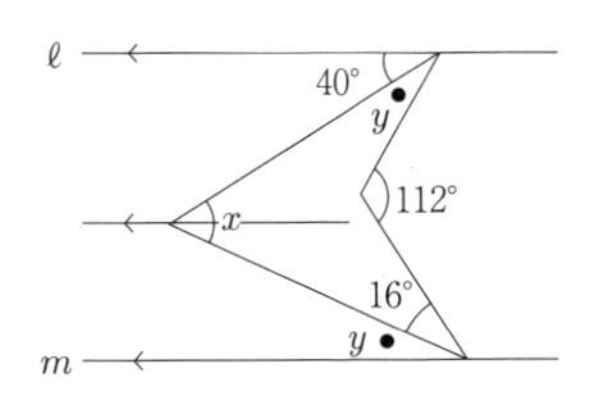

(2) 四角形ABCDは平行四辺形なので，$\angle ADC = 180° - 120° = 60°$　右図のように，直線ℓ，mと平行な直線nをひくと，平行線の錯角が等しいことから，$\angle ADC = \angle x + 20°$なので，$60° = \angle x + 20°$より，$\angle x = 40°$

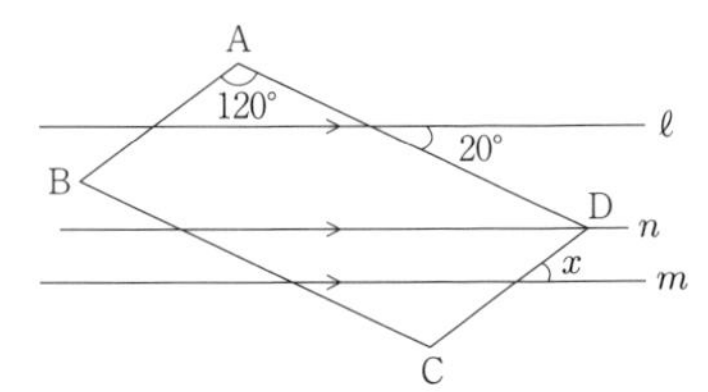

4 (1) 正五角形の1つの外角の大きさは，$360° \div 5 = 72°$だから,1つの内角の大きさは,$180° - 72° = 108°$　したがって，$\angle a = 180° - (108° + 12°) = 60°$だから，右図のように，ABの延長と$m$との交点をFとすると，$\ell /\!/ m$より，$\angle BFC = 60°$　よって，△BFCの内角と外角の関係より，$\angle x = 108° - 60° = 48°$

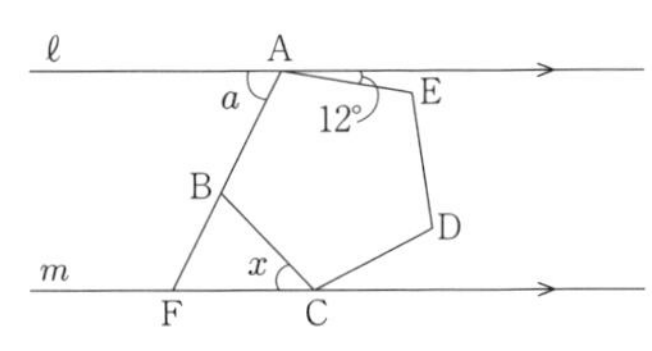

(2) 正五角形の1つの内角の大きさは，$\dfrac{180° \times (5 - 2)}{5} = 108°$

右図の△AEHで，$\angle AHE = 180° - (10° + 108°) = 62°$　$m /\!/ n$より，$\angle FGD = \angle AHE = 62°$　また，$\angle FDG = 180° - 108° = 72°$だから，△FDGで，$\angle x = 72° + 62° = 134°$

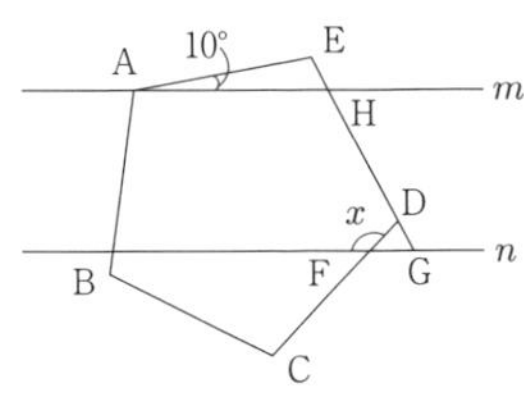

5 (1) 右図で，AD $/\!/$ BCより，$\angle DAC = \angle$ア$= 62°$　折り返した角だから，$\angle BAC = \angle DAC = 62°$　よって，$\angle$イ$= 180° - 62° \times 2 = 56°$

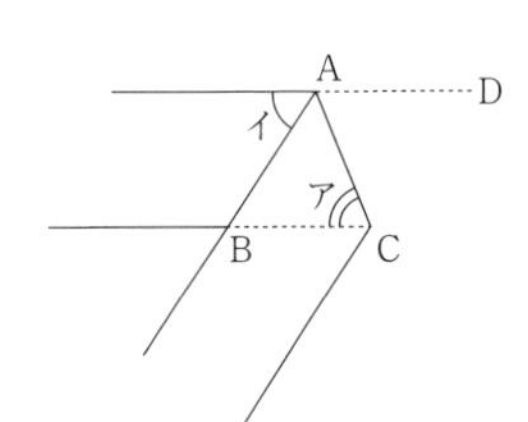

(2) 右図において，台形HGFEは台形ABFEを折り返した部分だから，$\angle HEF = \angle AEF$　よって，$\angle x = 180° - 74° \times 2 = 32°$　AD $/\!/$ BC，EH $/\!/$ FGより，$\angle CFG = \angle x = 32°$　三角形の内角と外角の関係より，$\angle y = 32° + 90° = 122°$

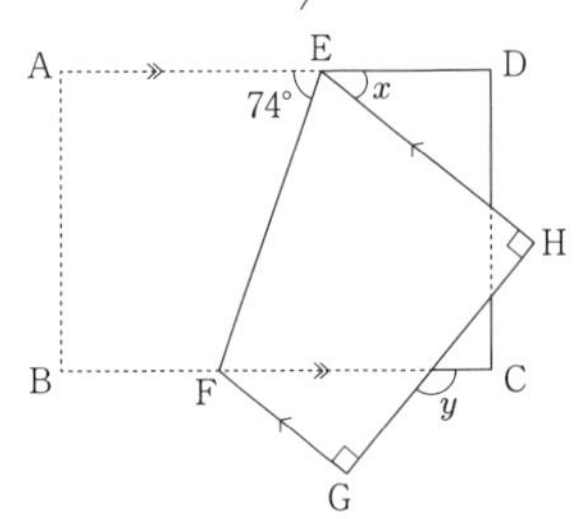

4．長さ・面積

1 (1) 12π (cm)　(2) $\frac{3}{4}\pi$ (cm^2)　(3) 4π (cm)　(4) 40π (cm^2)　**2** $\pi - 2$　**3** $\frac{9}{2}\pi - 9$

4 2π (cm^2)　**5** 10π (cm^2)　**6** (周りの長さ) 5π (cm)　(面積) 4π (cm^2)

7 $6\pi + 28$ (cm^2)　**8** $2\pi - 4$　**9** 5π (cm)

10 (1) $\frac{1}{3}\pi a$　(2) $\frac{10}{3}\pi a$　(3) $\frac{1}{6}\pi a^2$　(4) $5\pi a^2$　**11** (1) 35°　(2) 4 (cm)

12 (1) 119°　(2) 10 (cm)　**13** 2 (cm)　**14** 24 (cm^2)　**15** (1) $\frac{9}{2}$ (cm)　(2) $\frac{34}{5}$ (cm^2)

16 4π (cm)　**17** $24 + 4\pi$

◇ 解説 ◇

1 (1) $2\pi \times 10 \times \frac{216}{360} = 20\pi \times \frac{3}{5} = 12\pi$ (cm)

(2) $\pi \times 3^2 \times \frac{30}{360} = \frac{3}{4}\pi$ (cm^2)

(3) おうぎ形の中心角は，$360° \times \frac{12\pi}{\pi \times 6^2} = 120°$　よって，弧の長さは，$2\pi \times 6 \times \frac{120}{360} = 4\pi$ (cm)

(4) このおうぎ形は半径 8 cm の円の，$\frac{10\pi}{2\pi \times 8} = \frac{5}{8}$ なので，$\pi \times 8^2 \times \frac{5}{8} = 40\pi$ (cm^2)

2 $\angle POQ = 180° - (36° + 54°) = 90°$ だから，△OQP は直角をはさむ 2 辺の長さが 2 の直角二等辺三角形。よって，斜線部分の面積は，おうぎ形 OQP の面積から，△OQP の面積をひいて，$\pi \times 2^2 \times \frac{90}{360} - \frac{1}{2} \times 2 \times 2 = \pi - 2$

3 求める面積は，半径が 3 で中心角が 90° のおうぎ形 2 つ分の面積から，1 辺が 3 の正方形の面積をひいたものになるので，$\left(\pi \times 3^2 \times \frac{90}{360}\right) \times 2 - 3 \times 3 = \frac{9}{2}\pi - 9$

4 斜線部分は，半径が 4 cm で中心角 45° のおうぎ形と直径 4 cm の半円を合わせたものから，直径 4 cm の半円を除いたものになる。つまり，半径が 4 cm で中心角 45° のおうぎ形と等しい面積になるから，$\pi \times 4^2 \times \frac{45}{360} = 2\pi$ (cm^2)

5 斜線部分は，半径 5 cm の半円から半径 3 cm の半円を除いたものと，直径 4 cm の半円を合わせたものになる。直径 4 cm の半円の半径は 2 cm だから，求める斜線部分の面積は，$\pi \times 5^2 \times \frac{1}{2} - \pi \times 3^2 \times \frac{1}{2} + \pi \times 2^2 \times \frac{1}{2} = \frac{25}{2}\pi - \frac{9}{2}\pi + 2\pi = 10\pi$ (cm^2)

6 求める周の長さは，中心角が 45° で半径が 5 cm と，$5 + 1 \times 2 = 7$ (cm)のおうぎ形の弧の長さと，半径 1 cm の半円 2 つ分，つまり，円周の長さの和となる。よって，$2\pi \times 7$

$\times \dfrac{45}{360} + 2\pi \times 5 \times \dfrac{45}{360} + 2\pi \times 1 = 5\pi$ (cm)　求める面積は，中心角が45°で半径が7 cmと5 cmのおうぎ形の面積の差と，半径1 cmの円の面積の和となる。よって，$\pi \times 7^2 \times \dfrac{45}{360} - \pi \times 5^2 \times \dfrac{45}{360} + \pi \times 1^2 = 4\pi$ (cm^2)

7 上側の縦4 cm，横8 cmの長方形のなかで黒く塗られた部分の面積は，$\pi \times (8 \div 2)^2 \times \dfrac{180}{360} - \pi \times 2^2 \times \dfrac{180}{360} = 8\pi - 2\pi = 6\pi$ (cm^2)　また，下側の縦，$12 - 4 = 8$ (cm)，横8 cmの正方形の中で塗られていない部分は，等辺が，$8 - 2 = 6$ (cm)の直角二等辺三角形2つ分だから，黒く塗られた部分の面積は，$8 \times 8 - \left(\dfrac{1}{2} \times 6 \times 6\right) \times 2 = 28$ (cm^2)　よって，求める面積は$(6\pi + 28)$ cm^2。

8 右図より，斜線のついていない部分は，直径2の半円4個と，1辺の長さが2の正方形に分けられるから，斜線部分の面積は，$\pi \times 2^2 - \pi \times 1^2 \times \dfrac{1}{2} \times 4 - 2 \times 2 = 2\pi - 4$

9 大円，小円の直径をそれぞれa cm，b cmとすると，太線の長さは，$\pi a \times \dfrac{1}{2} + \pi b \times \dfrac{1}{2} = \dfrac{\pi}{2}(a + b) = \dfrac{\pi}{2} \times 10 = 5\pi$ (cm)

10 (1) 点Pが動いた部分は，右図の$\overset{\frown}{\mathrm{AG}}$となる。正六角形の1つの外角は，$360° \div 6 = 60°$だから，$\overset{\frown}{\mathrm{AG}}$の長さは，$2\pi \times a \times \dfrac{60}{360} = \dfrac{1}{3}\pi a$

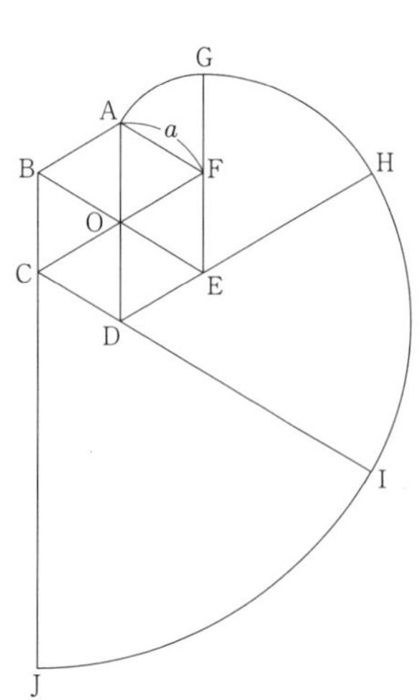

(2) 点Pが動いた部分は，右図の$\overset{\frown}{\mathrm{AG}} + \overset{\frown}{\mathrm{GH}} + \overset{\frown}{\mathrm{HI}} + \overset{\frown}{\mathrm{IJ}}$となる。(1)より，$\overset{\frown}{\mathrm{AG}}$の長さは$\dfrac{1}{3}\pi a$。おうぎ形EGHは半径が，$\mathrm{EF} + \mathrm{FG} = a + a = 2a$で中心角が60°だから，$\overset{\frown}{\mathrm{GH}}$の長さは，$2\pi \times 2a \times \dfrac{60}{360} = \dfrac{2}{3}\pi a$　おうぎ形DHIは半径が，$\mathrm{DE} + \mathrm{EH} = a + 2a = 3a$で中心角が60°だから，$\overset{\frown}{\mathrm{HI}}$の長さは，$2\pi \times 3a \times \dfrac{60}{360} = \pi a$　おうぎ形CIJは半径が，$\mathrm{CD} + \mathrm{DI} = a + 3a = 4a$で中心角が60°だか

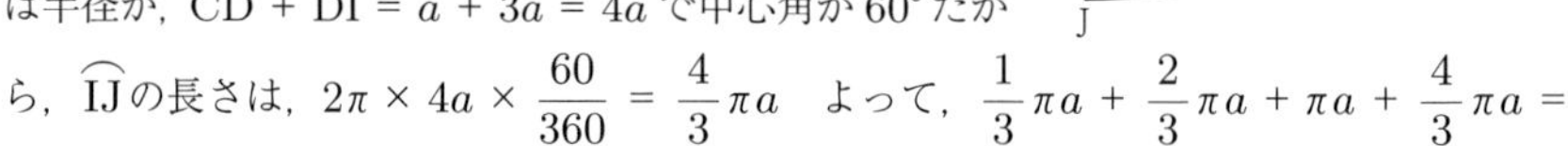
ら，$\overset{\frown}{\mathrm{IJ}}$の長さは，$2\pi \times 4a \times \dfrac{60}{360} = \dfrac{4}{3}\pi a$　よって，$\dfrac{1}{3}\pi a + \dfrac{2}{3}\pi a + \pi a + \dfrac{4}{3}\pi a =$

$\frac{10}{3}\pi a$

(3) (おうぎ形FAG) $= \pi \times a^2 \times \frac{60}{360} = \frac{1}{6}\pi a^2$

(4) (おうぎ形FAG) + (おうぎ形EGH) + (おうぎ形DHI) + (おうぎ形CIJ) $= \frac{1}{6}\pi a^2 + \pi \times (2a)^2 \times \frac{60}{360} + \pi \times (3a)^2 \times \frac{60}{360} + \pi \times (4a)^2 \times \frac{60}{360} = \frac{1}{6}\pi (a^2 + 4a^2 + 9a^2 + 16a^2) = \frac{1}{6}\pi \times 30a^2 = 5\pi a^2$

11 (1) AP // DCより，錯角は等しいので，$\angle ACD = \angle PAC = 35°$

(2) AP // DCより，同位角は等しいので，$\angle ADC = \angle BAP = 35°$　よって，$\angle ACD = \angle ADC$となるので，△ACDは，AC = ADの二等辺三角形。したがって，AD = 4 cm

12 (1) 線分AEは∠BADの二等分線だから，$\angle BAE = \angle DAE$　四角形ABCDは平行四辺形より，AB // DCだから，$\angle DEA = \angle BAE$　よって，$\angle DAE = \angle DEA$だから，△DAEで，$\angle DEA = (180° - 58°) \div 2 = 61°$　よって，$\angle x = 180° - 61° = 119°$

(2) 台形ABCEと△DAEは辺AEが共通で，BC = DAなので，AB + CEとDEの差を求めればよい。△DAEは二等辺三角形より，DE = DA = 7 cmだから，求める周の長さの差は，$\{12 + (12 - 7)\} - 7 = 10$ (cm)

13 四角形AEGH = △GFCより，台形ABFH = △EBCとなる。BF = x cmとすると，AH $= \frac{1}{2}$AD $= 4$ (cm)，EB $= \frac{3}{4}$AB $= 6$ (cm)だから，$\frac{1}{2} \times (4 + x) \times 8 = \frac{1}{2} \times 6 \times 8$　よって，$16 + 4x = 24$より，$x = 2$

14 △BDEと△ABDは底辺をそれぞれED，ADとしたときの高さが等しいから，△BDE：△ABD = ED：AD = 1：(3 + 1) = 1：4　よって，△ABD = 3 × 4 = 12 (cm²)　同様に，△ABD：△ABC = BD：BC = 1：2だから，△ABC = 12 × 2 = 24 (cm²)

15 (1) AE + AD + DF + EF = BE + BC + FC + EFで，AE = BEより，AD + DF = BC + FC　ここで，DF = t cmとすると，FC = $(5 - t)$ cmなので，$2 + t = 6 + 5 - t$　よって，$2t = 9$より，$t = \frac{9}{2}$

(2) 台形ABCD $= \frac{1}{2} \times (2 + 6) \times 4 = 16$ (cm²)　△ADEと△BCEは，底辺をそれぞれAD，BCとしたときの高さが，$4 \div 2 = 2$ (cm)なので，△ADE $= \frac{1}{2} \times 2 \times 2 = 2$ (cm²)，△BCE $= \frac{1}{2} \times 6 \times 2 = 6$ (cm²)より，△CED $= 16 - 2 - 6 = 8$ (cm²)　よって，DF：FC $= \frac{9}{2} : \left(5 - \frac{9}{2}\right) = 9 : 1$より，△CEF = △CED $\times \frac{1}{9 + 1} = 8 \times \frac{1}{10} = \frac{4}{5}$ (cm²)だから，四角形EBCF = △CEF + △BCE $= \frac{4}{5} + 6 = \frac{34}{5}$ (cm²)

16 点 A は右図の太線を通るから，点 A は，半径が 3 cm で中心角が，$180° - 60° = 120°$ のおうぎ形の弧を 2 回移動する。よって，求める長さは，$2\pi \times 3 \times \frac{120}{360} \times 2 = 4\pi$ (cm)

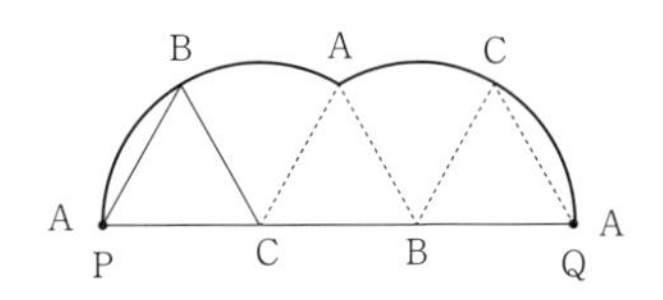

17 円は右図のように動き，円の中心は太線部分を通る。直線部分の長さの和は，△ABC の周の長さに等しく，$10 + 6 + 8 = 24$　曲線部分を 3 つ合わせると，半径 2 の円になるから，長さは，$2\pi \times 2 = 4\pi$　よって，求める長さは，$24 + 4\pi$

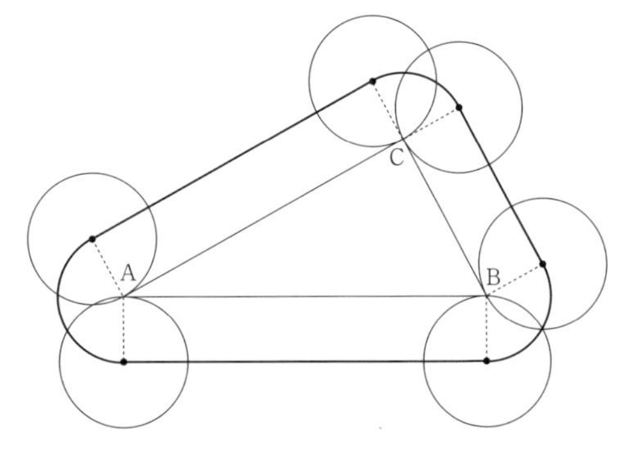

5. 作図

1 (次図 1)　**2** (次図 2)　**3** (次図 3)　**4** (次図 4)　**5** (次図 5)　**6** (次図 6)

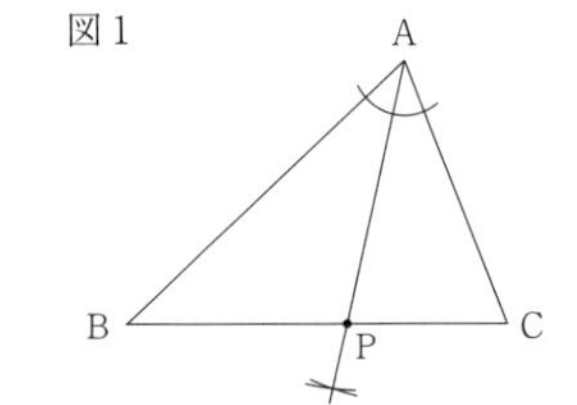

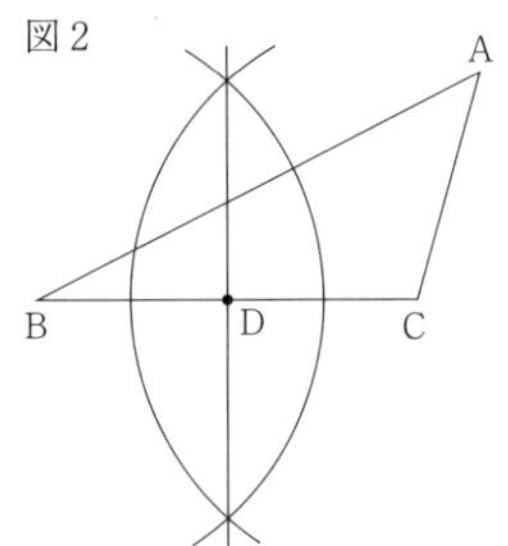

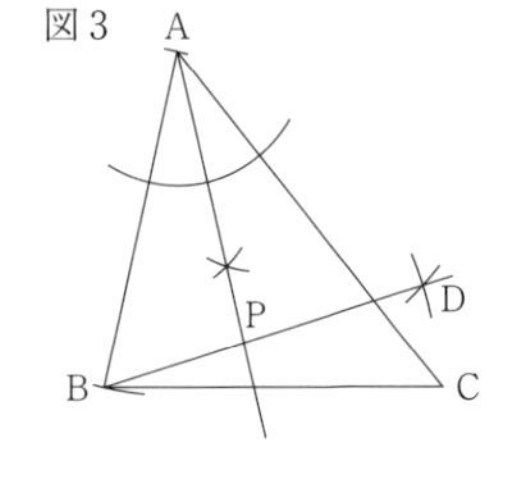

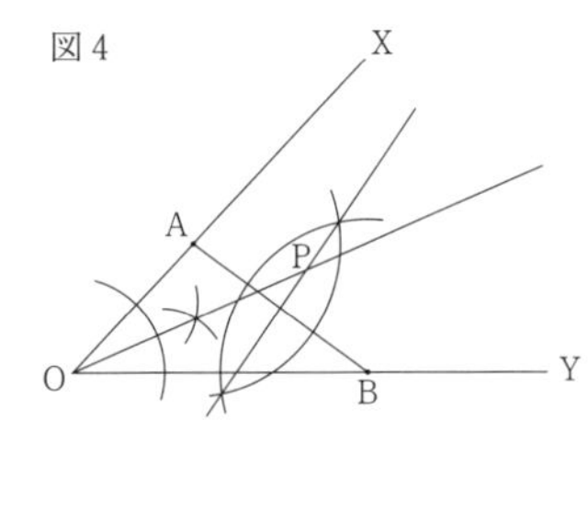

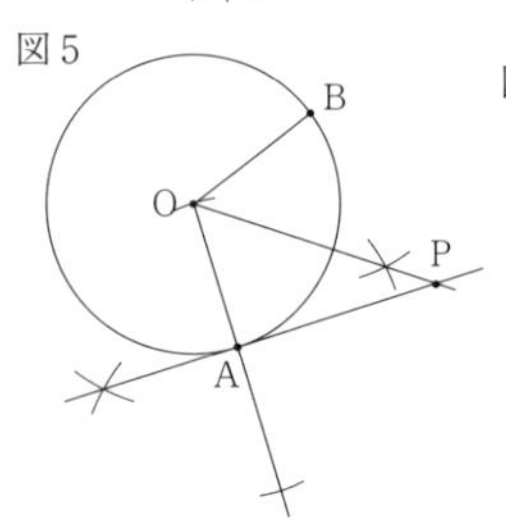

◇ 解説 ◇

1 ∠BACの二等分線と辺BCの交点がPとなる。

2 DはBCの中点となるから，BCの垂直二等分線とBCとの交点をDとすればよい。

3 ∠BAP＝∠CAPより，Pは∠BACの二等分線上にある。また，ABを1辺とする正三角形ABDをABの右側につくると，∠ABD＝60°となるから，∠BACの二等分線とBDの交点をPとすればよい。

4 点A，Bからの距離が等しい点は，線分ABの垂直二等分線上にあり，半直線OX，OYからの距離が等しい点は，∠XOYの二等分線上にある。したがって，この2本の直線の交点がPとなる。

5 点Aを通る直線AOに対する垂線と∠AOBの二等分線の交点がPとなる。

6 線分ADの垂直二等分線と，∠ACBの二等分線との交点とOとすればよい。

6．合同と証明

1 △AEFと△CEGにおいて，AD∥BCより，∠EAF＝∠ECG……①
また，対頂角は等しいから，∠AEF＝∠CEG……②
四角形ABCDは平行四辺形だから，AE＝CE……③
①，②，③より，1組の辺とその両端の角がそれぞれ等しいから，△AEF≡△CEG

2 △ADFと△BFEにおいて，四角形ABCDは平行四辺形なので，
AD∥BCより，同位角は等しいから，∠DAF＝∠FBE……①
仮定より，AB＝CE……②　BF＝BC……③
また，AF＝BF－AB……④　BE＝BC－CE……⑤
②，③，④，⑤より，AF＝BE……⑥
平行四辺形の対辺は等しいから，AD＝BC……⑦
③，⑦より，AD＝BF……⑧
①，⑥，⑧より，2組の辺とその間の角がそれぞれ等しいから，△ADF≡△BFE

3 △FDAと△FGBにおいて，対頂角は等しいので，∠AFD＝∠BFG……①
△DBEは△ABCを回転移動したものなので，∠CAB＝∠EDB
つまり，∠FAB＝∠FDG……②
DE∥ABより，錯角は等しいので，∠FAB＝∠FGD……③　∠FBA＝∠FDG……④
②，③より，∠FDG＝∠FGD　よって，△FGDは二等辺三角形だから，FD＝FG……⑤
②，④より，∠FAB＝∠FBA
よって，△FABは二等辺三角形だから，FA＝FB……⑥
①，⑤，⑥より，2組の辺とその間の角がそれぞれ等しいので，△FDA≡△FGB

4 △AFDと△CGEにおいて，仮定より，AD＝CE……①
AB∥GCより，平行線の錯角は等しいから，∠FAD＝∠GCE……②

FD ∥ BGより，平行線の同位角は等しいから，∠ADF = ∠AEB……③
対頂角だから，∠CEG = ∠AEB……④
③，④より，∠ADF = ∠CEG……⑤
①，②，⑤より，1組の辺とその両端の角がそれぞれ等しいから，△AFD ≡ △CGE

5 △ABFと△DBGにおいて，仮定より，AB = DB……①
∠BAF = ∠BDG……②，∠ABC = ∠DBE……③
∠ABF = ∠ABC − ∠CBE……④，∠DBG = ∠DBE − ∠CBE……⑤
③，④，⑤より，∠ABF = ∠DBG……⑥
①，②，⑥より，1組の辺とその両端の角がそれぞれ等しいから，△ABF ≡ △DBG
合同な図形の対応する辺は等しいから，AF = DG

6 △ABEと△CDFにおいて，仮定より，∠AEB = ∠CFD = 90°……①
平行四辺形の対辺は等しいから，AB = CD……②
また，AB ∥ DCより，錯角は等しいから，∠ABE = ∠CDF……③
①，②，③より，直角三角形の斜辺と1つの鋭角がそれぞれ等しいから，△ABE ≡ △CDF
よって，AE = CF……④
さらに，∠AEF = ∠CFE = 90°より，錯角が等しいから，AE ∥ FC……⑤
④，⑤より，1組の対辺が平行で長さが等しいから，四角形AECFは平行四辺形である。

7．空間図形の性質

1 エ　**2** ア，エ　**3** イ　**4** エ　**5** ア，ウ，オ　**6** ウ

◇ 解説 ◇

1 次図のように，アでは $\ell \parallel m$ のとき，2直線は交わらない。イでは ℓ と m が交わる場合があり，ウでは ℓ と平面Pが垂直にならない場合がある。

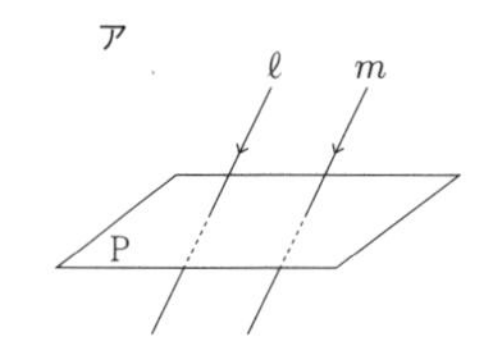

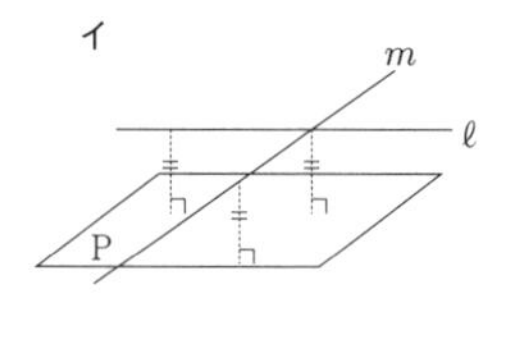

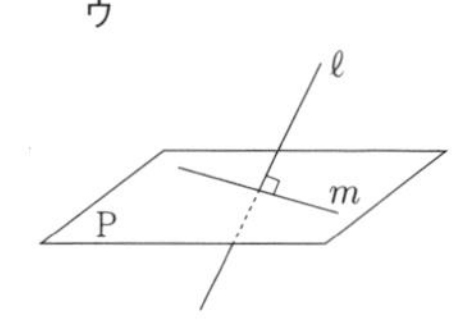

2 平行でなく交わることもない2直線を，ねじれの位置にあるという。よって，選択肢のうち，直線BCとねじれの位置にあるのは，直線ADと直線EF。

3 ア，ウ，エでは，面A，Bは向かい合わずに隣り合う。

4 正面から見た図が立面図，真上から見た図が平面図である。正面から見ると二等辺三角形に見え，真上から見ると正方形に見えるから，投影図はエ。

5 右図で，辺 AC をふくむ平面が辺 BE と，点 G で交わるとき，AG = CG となることから切り口は二等辺三角形か正三角形になる。また，辺 AC をふくむ平面が辺 DE，辺 EF と交わるとき，切り口は四角形 AHIC のように台形となる。

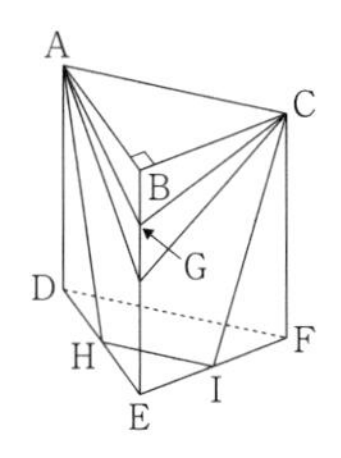

6 側面の展開図を表すおうぎ形の中心角を $x°$ とすると，$2 \times \pi \times 10 \times \dfrac{x}{360} = 2 \times \pi \times 5$ が成り立つ。よって，$x = 180$ となるから，**ウ**が正しい。

8．立方体・直方体・角柱・角錐

1 $\dfrac{45}{2}$ (cm^3)　**2** $\dfrac{9}{2}$　**3** 12 (cm)　**4** 1.5

5 (1) H，N　(2) (EF =) 4 (cm)　(体積) 40 (cm^3)

6 (1) 32 (cm^3)　(2) $\dfrac{1}{6}$ (倍)　(3) $\dfrac{10}{3}$ (秒後)，$\dfrac{50}{3}$ (秒後)

◇ **解説** ◇

1 立方体の体積は，$3 \times 3 \times 3 = 27$ (cm^3)　三角錐 BCDG の体積は，$\dfrac{1}{3} \times \left(\dfrac{1}{2} \times 3 \times 3\right) \times 3 = \dfrac{9}{2}$ (cm^3)　よって，求める体積は，$27 - \dfrac{9}{2} = \dfrac{45}{2}$ (cm^3)

2 面 ABCD，面 EFGH を底面とすると，底面積は，$3 \times 4 = 12$ (cm^2)，側面積は，$a \times (3 \times 2 + 4 \times 2) = 14a$ (cm^2)　よって，表面積について，$12 \times 2 + 14a = 87$ が成り立つ。これを解くと，$a = \dfrac{9}{2}$

3 AD = a cm とおくと，水の量は，$24 \times a \times 5 = 120a$ (cm^3)　四角形 BCGF = $10a$ (cm^2) だから，図 2 の水の深さを h cm とおくと，$10a \times h = 120a$ より，$h = 12$

4 図 1 の水が入っている部分は，底面が等辺 9 cm の直角二等辺三角形，高さが 9 cm の三角すいだから，入っている水の量は，$\dfrac{1}{3} \times \left(\dfrac{1}{2} \times 9 \times 9\right) \times 9 = \dfrac{243}{2}$ (cm^3)　図 2 で，入っている水の量は，$9 \times 9 \times x = 81x$ (cm^3) と表せるから，$\dfrac{243}{2} = 81x$ より，$x = 1.5$

5 (2) AC = JM = (9 − 5) ÷ 2 = 2 (cm) だから，DE = FG = AC = 2cm　よって，EF = CD = (12 − 2 × 2) ÷ 2 = 4 (cm)　直方体の体積は，$5 \times 2 \times 4 = 40$ (cm^3)

6 (1) 頂点 F をふくむ立体は△EFG を底面とした三角柱になるから，求める体積は，$\left(\dfrac{1}{2} \times 4 \times 4\right) \times 4 = 32$ (cm^3)

(2) 頂点Fをふくむ立体は△EFGを底面とした三角すいになるから，体積は，$\frac{1}{3} \times \left(\frac{1}{2} \times a \times a\right) \times a = \frac{1}{6}a^3$ (cm^3)　図1の立方体の体積は，$a \times a \times a = a^3$ (cm^3)　よって，$\frac{1}{6}a^3 \div a^3 = \frac{1}{6}a^3 \times \frac{1}{a^3} = \frac{1}{6}$ (倍)

(3) 点P，Qが頂点A，Bを出発してからの時間をx秒とする。2直線PQ，EGが同じ平面上にあるのはPQ∥EGとなる場合である。$0 \leqq x \leqq 5$のとき，PはAB上，QはBC上にあり，PB＝BQのときPQ∥EGとなるから，$10 - x = 2x$より，$x = \frac{10}{3}$　$5 \leqq x \leqq 10$のとき，PはAB上，QはCD上にあり，PQ∥EGとならない。$10 \leqq x \leqq 15$のとき，PはBC上，QはAD上にあり，PQ∥EGとならない。$15 \leqq x \leqq 20$のとき，PはBC上，QはAB上にあり，QB＝BPのときPQ∥EGとなるから，$40 - 2x = x - 10$より，$x = \frac{50}{3}$

9．円柱・円錐・回転体・球

1 96π (cm^2)　**2** 20π (cm^3)　**3** (1) 144°　(2) 56π (cm^2)

4 (体積) $\frac{32}{3}\pi$ (cm^3)　(表面積) 16π (cm^2)

5 (表面積) 48π (cm^2)　(体積) $\frac{128}{3}\pi$ (cm^3)　**6** 7 (cm)　**7** $\frac{176}{3}\pi$　**8** $\frac{250}{3}\pi$ (cm^3)

9 1：2　**10** (1) $\frac{3}{7}$ (倍)　(2) $\frac{27}{28}$ (倍)

◇ **解説** ◇

1 底面の円の半径は，$8 \div 2 = 4$ (cm)なので，表面積は，$\pi \times 4^2 \times 2 + 8\pi \times 8 = 32\pi + 64\pi = 96\pi$ (cm^2)

2 底面の円の半径をr cmとおくと，$2\pi r = 4\pi$より，$r = 2$　よって，$\pi \times 2^2 \times 5 = 20\pi$ (cm^3)

3 (1) おうぎ形の中心角をa°とおくと，$2\pi \times 10 \times \frac{a}{360} = 2\pi \times 4$より，$a = 144$

(2) $\pi \times 4^2 + \pi \times 10^2 \times \frac{144}{360} = 56\pi$ (cm^2)

4 体積は，$\frac{4}{3}\pi \times 2^3 = \frac{32}{3}\pi$ (cm^3)　表面積は，$4\pi \times 2^2 = 16\pi$ (cm^2)

5 曲面部分の面積は，半径4 cmの球の表面積の半分で，$4\pi \times 4^2 \times \frac{1}{2} = 32\pi$ (cm^2)，平面部分の面積は，$\pi \times 4^2 = 16\pi$ (cm^2)だから，表面積は，$32\pi + 16\pi = 48\pi$ (cm^2)

体積は，$\frac{4}{3}\pi \times 4^3 \times \frac{1}{2} = \frac{128}{3}\pi\ (\text{cm}^3)$

6 半径 3 cm の球の体積は，$\frac{4}{3} \times \pi \times 3^3 = 36\pi\ (\text{cm}^3)$　円柱の底面積は，$\pi \times 6^2 = 36\pi\ (\text{cm}^2)$だから，鉄球を沈めて高くなる水の高さは，$36\pi \div 36\pi = 1\ (\text{cm})$　よって，容器の高さは，$6 + 1 = 7\ (\text{cm})$

7 1 回転させると，底面の半径が 4 で高さが 3 の円柱と，底面の半径が 4 で高さが，$5 - 3 = 2$ の円錐を合わせた立体になる。よって，その体積は，$\pi \times 4^2 \times 3 + \frac{1}{3} \times (\pi \times 4^2) \times 2 = 48\pi + \frac{32}{3}\pi = \frac{176}{3}\pi$

8 半径 5 cm の半球ができるから，求める体積は，$\frac{4}{3} \times \pi \times 5^3 \times \frac{1}{2} = \frac{250}{3}\pi\ (\text{cm}^3)$

9 直角三角形を直線 ℓ を軸として 1 回転させると，底面の半径が 1 cm で高さが 2 cm の円すいになるから，$a = \frac{1}{3} \times \pi \times 1^2 \times 2 = \frac{2}{3}\pi\ (\text{cm}^3)$　また，半円を直線 m を軸として 1 回転させると，半径が，$2 \div 2 = 1\ (\text{cm})$の球になるから，$b = \frac{4}{3}\pi \times 1^3 = \frac{4}{3}\pi\ (\text{cm}^3)$　よって，$a : b = \frac{2}{3}\pi : \frac{4}{3}\pi = 1 : 2$

10 (1) △ABC の面積を a とすると，$\triangle\text{ABD} = a \times \frac{3}{3+2} = \frac{3}{5}a$，$\triangle\text{BDE} = \triangle\text{ABD} - \triangle\text{ABE} = \frac{3}{5}a - a \times \frac{9}{35} = \frac{12}{35}a$　よって，$\text{AE} : \text{ED} = \triangle\text{ABE} : \triangle\text{BDE} = \frac{9}{35}a : \frac{12}{35}a = 3 : 4$ より，AE の長さは AD の長さの，$3 \div (3 + 4) = \frac{3}{7}$ (倍)

(2) AD を回転の軸として，△ABD と△ACD をそれぞれ 1 回転させると，高さが等しい円すいとなるから，体積の比は，底面の円の面積の比で，$\text{BD}^2 : \text{DC}^2 = 3^2 : 2^2 = 9 : 4$　それぞれの体積を $9b$，$4b$ とすると，AD を回転の軸として，△EBD を 1 回転させてできる円すいは，△ABD を 1 回転させてできる円すいと底面の面積が等しく，高さは，$\frac{\text{ED}}{\text{AD}} = \frac{4}{4+3} = \frac{4}{7}$ だから，体積は，$9b \times \frac{4}{7} = \frac{36}{7}b$ となり，△ABE を 1 回転させてできる立体の体積は，$9b - \frac{36}{7}b = \frac{27}{7}b$　よって，$\frac{27}{7}b \div 4b = \frac{27}{28}$ (倍)